U0005493

瘋狂
人類
進化史
CRAZY HISTORY
OF HUMAN EVOLUTION
史鈞
著

其實，你不懂自己的身體

很多人都錯誤地以為，我們每天面對自己的身體，因而熟悉每一個細小的部位，該凹的地方凹下去，該凸的東西凸出來，應該沒有什麼難以理解的現象。其實，你根本不懂自己的身體。只要一個小小的問題就足以難倒各位身體擁有者，比如為什麼男人和女人都有陰毛而只有男人才長鬍子？這是典型的科學問題而不是庸俗的玩笑。類似的問題還可以問出幾籮筐，這些問題都與人體進化的策略有關。

只要你願意，你對每一寸皮膚的每一次撫摸觸發的每一下顫抖幾乎都可以帶出一大串問號。比如，為什麼男人和女人的生殖器官構造如此精緻詭異而又極具想像力，簡直是天衣無縫的陰陽嵌合工具。是誰在幕後默默設計了如此無上妙品？為什麼很多動物都定期發情按時交配，在發情期之外則寂寞無語、心如死灰，視異性如無物？而人類卻持續發情隱蔽排卵，體內時刻湧動著春潮般的性激素，不斷驅動著他們費盡心機地尋找心中的摯愛伴侶，每天都對擦肩而過的紅男綠女不斷掃描不斷評估，一旦墜入陷阱兩情相悅便誓言永不分離天荒地老，然後整天泡在一起，以至於不惜犧牲個人自由而組成家庭，甘心用婚姻的枷鎖把自己鎖在愛人的身邊，但有些人有時候又按捺不住做些偷雞摸狗的勾當？

本書就是要系統地討論如此這般看似荒謬實則異常嚴肅的科學問題。奇妙的是，許多問題竟然沒有標準答案。關於人類的身體，很多科學家都提出了自己的觀點，而且理所當然地認為自己完全正確。麻煩的是，很多觀點彼此不同甚至截然相反，各派學者你方唱罷我登場，最後卻沒有權威人士上臺收拾局面。當一個問題出現如此亂象時，起碼可以得出這樣的定論——這個問題還沒有定論，爭吵會繼續。有些學者在反駁他人觀點的同時，自己也不知不覺陷入了荒唐的深淵，最後只能仰天長嘆：人體之謎真是太深奧了！還有什麼比欣賞科學家難堪更有趣的事情呢？

如果你閒來無事，何不和我一起來「欣賞」他們遭遇的智力困境呢？看看他們到底如何解答此類基本問題，然後又被別人批評得一無是處。而要理解這些爭吵的真相，就必須先對自己的身體有一定的科學認識，否則有些討論就可能流於色情。本書將努力避免給讀者留下這種錯誤的印象。如果你不幸產生了這樣的印象，就說明你出現了錯誤的生理反應和扭曲的意識判斷，所有後果自己負責。

當以嚴謹的態度認真考察人體問題時，我們便會發現，我們的身體已經被忽略太久。長期以來，我們專注地探索自然——人類的足跡上天入地、鑽山探海，甚至有人在密林深處數十年如一日地觀察黑猩猩，回過頭來才驀然驚覺，我們自己的身體竟然像是從未開墾的處女地。有些人幾乎每天都要撫摸別人的肉體，卻從來沒有思考的欲望。面對肉體，只有生理的衝動而缺少冷靜的研究，當然很難發現人體結構的內在進化邏輯。

我們的身體渾然一體妙手天成，但每一個器官都不是憑空而來，而是從水母之類的原始動物那裡慢慢進化而來，是一連串數不清的自然選擇反覆運作的結果，從冷血的兩棲動物不斷演化為恆溫的哺乳動物，進而通過靈長類的階梯進化為人。

可以肯定地說，我們人類絕不是起源於美洲，美洲只有猴子，沒有猩猩，也沒有猩猩的化石；澳洲就更沒有希望，那裡連猴子都見不到；亞洲和歐洲都有古猿化石，但都不如非洲東部發現的化石古老。在沒有發現新證據之前，承認人類起源於非洲是比較符合邏輯的態度，這一起源說遠比各種神話傳說更加令人信服。在古老的印度史詩中，人類是被某隻鴨子從泥裡踢出來的。如果真是那樣，北京烤鴨肯定會記恨牠們多事的祖先。

正因我們是從原始的古猿演變而來，從悠遠的蠻荒歲月走到如今，所以血液裡仍然充滿了遠古的蠻荒氣息。我們從古猿那裡繼承了基本的身體框架結構，又對這架構做出了重要修改，最終變成現在的模樣——脫掉了滿身毛髮；雙腳直立行走；用雙手製造工具；眼睛向前觀察立體的彩色圖像；鼻子和耳朵盡可能地收集更多的外界資訊；大腦對這些資訊不斷進行加工處理，隨時計算我們所處的地點和行走的方向，不斷評估身邊歲月的流逝和光陰的變換；我們的皮膚色澤鮮明；我們的生殖器與古猿早已似是而非；我們的肉體看起來更加渾圓性感充滿誘惑。諸如此類，不一而足，這些都證明我們早已經與古猿分道揚鑣。

但這並不表明我們已經擺脫了自然選擇的控制，自然選擇的「魔爪」一直埋伏在生命的深處，漠然地控制著每個精子和卵子，深度影響著它們結合的命運。沒有人能逃脫自然選擇的擺佈。歡樂悲傷，都不過是神經衝動的結果；內斂深沉，亦不過是微不足道的激素在暗中操縱；無影無形的基因則躲在細胞的最深處默默掌控著人體的所有反應，同時也掌控著人類的命運。

從某種意義上說，人類進化的歷史就是身體進化的歷史。人類的行為，甚至歷史的宏觀變化趨勢，都無法超越身體結構的制約。要是沒有直立行走，女人就不可能表現出亭亭玉立的曼妙身姿，男人也無法器宇軒昂健步如飛；兩性的順利結合需要大量醒目的性信號，這些若隱若現的性信號不斷構建著我們的外表；如果沒有挺立的乳房，也就沒有豐滿的嘴唇，其間的聯繫錯綜複雜，但卻真實存在，因為幾乎所有嘴唇都曾接觸過乳房；女人遭遇的生育困境為一夫一妻制奠定了堅實的基礎，並進一步引導了文明的發展；身體甚至還是戰爭的發源地，所有戰爭的根本目的都是為了滿足身體的需要。身體結構也在某種程度上決定了戰爭的勝敗。在冷兵器時代，北方遊牧民族為了對抗寒冷的氣候，必須進化出更加高大的身材以降低單位能量損失，這種自然選擇的結果在對南方民族作戰時會佔有一定的體能優勢。

身體進化的每個環節都隱藏著難以參透的玄機，每個細微的變化都潛伏著令人擊節讚嘆的博弈，每個成就都蘊含著複雜的進化邏輯。

現在，就讓我們共同來揭開每個人身體中的進化奧秘——那奧秘會很有趣，有時也很色情，因為生殖是所有動物的頭等大事，人類也不例外。

我們將徹底解讀身體的來龍去脈和前世今生，洞察身體結構的微妙變化與宏觀影響，根究人類為什麼是這樣而不是別的模樣，探索身體結構蘊含著的基本科學邏輯。最終我們會明白，人類是進化的結果，而不是設計的產物，並為大自然的鬼斧神工連聲稱奇。

這是一次真正的身世之旅，是每一個人的大歷史，你一定會為自己複雜曲折的歷史演化過程而放聲驚嘆，同時伴隨著各種複雜的生理反應，然後是更多的驚嘆。

不要猶豫。來吧！

第一章　雙腳走出來的進化

不管你是否承認，我們都再也爬不回去了。直立行走是自然選擇賦予人類的金鑰匙，不經意間觸發了一個巨大的進化開關，從此啟動了不可逆轉的演變進程，持續刺激人體的其他特徵不斷出現，指引著人類大步向著文明邁進。

關於人類的進化，在很長一段時間之內都是巨大的謎團。從達爾文開始認眞思考人類的起源，到如今已有一百多年。已有的科學體系表明，人類的進化至少延續了數百萬年之久，這是一個漫長的過程，我們不可能用如此漫長的時間認眞討論每一個細節，否則故事剛剛開始聽眾就已滿頭白髮。最簡單的方法是探尋人體進化的因果邏輯，快速掃描我們走過的歷程。爲此，我們必須從最基本的人體形態特徵談起，那就是直立行走。

我們的祖先從遠古走到如今，並指引我們不斷走向未來。人類在地球上呼風喚雨，主要依靠完美的身體結構，得以從蒙昧的野獸進化成爲講究禮儀的社會性動物，只是我們每天都在直立行走，司空見慣，沒有把這些好處放在心上罷了。事實上，這是自然選擇最偉大的壯舉。

但很多人對自己的身體沒有自信——沒有獵豹跑得快、沒有袋鼠跳得遠、沒有山貓靈巧、沒有老虎兇猛，甚至連狗都不如——嗅覺比不過人家，吃屎的態度也不如人家堅決果斷，只因爲消化功能太弱而味覺系統又太挑剔。

其實，諸多怨艾都源於對自身的無知。事實是，如果有人堅持用四肢爬行，不出幾天，就會對直立行走的意義刻骨銘心。至少沒有了尾巴的保護，肛門和生殖器將很快成爲敵人攻擊的重點目標。

儘管很多人對自己的身體感到不滿，但這其實已經是絕佳的造型了。我們的身體是進化的傑作，是自然選擇數億萬年反覆試驗的結果，比任何理想化的設計還更爲理想。

從一隻叫「露西」的猩猩說起

既然人類是從其他動物進化而來的，從四足行走到直立行走之間必然有一個變化的過程。現在就讓我們跨越時光的河流，向渺冥的過去探尋這個偉大進程的起點，但我們很快就會發現這個起點並不容易找到。

每個人都可以親自證明推定人類何時直立有多困難。你可以採訪自己的父母，請他們明確說出你在哪一天從爬行狀態改爲直立行走，儘管你的父母非常愛你，但估計很難說清楚那個值得紀念的時刻到底是幾月幾號星期幾，更不要說準確到上午八點或者下午三點了。直立是一個緩慢漸變的過程，你的父母每天讓你壯實一點點，你從滿地亂爬到扶手站立再到邁開雙腿，這些過程不會在一天之內完成。不過要是你改變提問方式，問自己在哪一年直立行走，他們基本可以告訴你準確答案。

這是個簡單的邏輯，對過去事物的推斷，時間範圍越大，確定性就越強。同樣的道理，我們不應指望人類學家告訴我們明確的直立時間表，我們所能期望知道的是，人類大致在哪一個百萬年開始直立。

直立行走可以從化石中找到堅實的證據。我們與四足行走動物在骨架結構上明顯不同，外行都能看出其中的區別。直立行走的第一個重要特徵是足弓。足弓對直立行走非常重要，除了提供必要的彈性，走路更省力氣，還能保護大腦免受步行的巨大衝擊，否則跑著跑著就跑成了腦震盪，無論如何也算不上是適應性狀。足弓還證明早期人類放棄了攀爬樹木的習慣，如果試著用腳握住一根木頭，你就可以看出自己和猴子的區別——具備其他靈長類動物都沒有的足弓，那是現代人類獨有的典型特徵。如果某具古老化石的腳骨存有足弓，大致可以證明他生前曾經直立行走過。

直立行走的第二個重要特徵是骨盆。骨盆就是一個骨質的盆，裡面可以放很多東西，包括胎兒。但它又不是一個普通的盆，還可以起到骨架樞紐的作用，上面承接著脊椎，下面連接著大腿。可以想像，因爲直立行走，人類的骨盆必須更加強壯，才足以支撐起上半身的重量。因此，考古專家可以通過骨盆化石，斷定那是人類還是猩猩、男人還是女人、成年還是幼年。

直立行走的第三個重要特徵是膝蓋骨。這塊骨頭並非人類所獨有，四足行走的陸生哺乳動物都有，牠們都能彎腿。人類的膝蓋骨不只保證雙腿能夠曲彎自如，還必須承擔彈跳奔跑時的大力衝擊，因此膝蓋骨更大更硬更結實，下跪時也更加麻利灑脫。只要看到如此與眾不同的膝蓋骨化石，基本可以斷定牠屬於可直立行走的人類。

要想知道人類究竟何時開始直立行走，考古學家的任務就是到處挖化石。這件事情看似簡單，實則不易，其難度不亞於大海撈針。很多人都有一個錯覺，以爲現在已經挖出了很多人類化石，但那些躺在棺材裡的都不是化石，而只是屍體，至多是骷髏，可能具有歷史意義，卻很少具有考古價值。確有研究價值的一百萬年以前的人類化石，只有區區幾具，而且還不完整，但聰明的研究人員仍然從這幾具化石中發現了人類直立行走的蛛絲馬跡。

第一個證據來自大名鼎鼎的露西。

一九七三年，科學家在衣索比亞一個考古現場有了重要發現，他們進行挖掘工作時正在收聽一首搖滾歌曲，這首歌的主角名叫露西，大家便決定將新發現的古猿化石命名爲露西。這位露西後來名揚天下，所有古生物學家都熟悉這個名字的含義——露西被稱爲「人類的祖母」。對於被深埋在地下數百萬年籍籍無名不識字的陌生人來說，眞是一個意外的驚喜。「祖母」一詞並非戲稱，從露西的骨盆判斷，儘管她只有十二歲，但應該已經生過孩子。原始人類性成熟極早，她們會抓住一切機會懷孕生子，而且完全沒有避孕概念。

從骨骼看，露西的足弓非常明顯，表明她已經可以長時間直立行走。從一九七四年起，人類學家相信，人類直立行走的歷史已有三百二十多萬年，那正是露西的考古年齡。

露西還爲「人」的概念提供了一個金標準：直立行走。按照這一標準，露西是當時發現的最早的直立人，很長時間以來都被作爲人類的起點。直到二〇〇五年，才發現了年代更爲久遠的化石，這次是個男人，地點仍在衣索比亞。令人驚奇的是，這具化石竟然高達一點五公尺，甚至有可能是一點七公尺，遠遠超過考古學家的預期，畢竟露西的身高才剛剛超過一公尺。所以，這個男人被稱爲大個子，他擁有一雙長腿，骨盆更像現代人，可以熟練地靠雙腿行走，人類直立的時間因此又提前了四十萬年。

爲了對年長者表示尊敬，人們將這個男人命名爲「露西的祖父」，雖然從倫理上來說這是不可能的事情。

但這還不是人類最早的直立時間，僅僅幾年之後，美國《科學雜誌》於二〇〇九年連續發表了十一篇論文來表達他們的驚喜，科學家從衣索比亞的一堆庫存化石中找出了新的線索，他們拼湊出了一副完整的女人骨骼，並把這個女人命名爲阿爾迪。爲了確定阿爾迪的生活年代，研究人員前後花了十幾年時間，最終給出的結論是：四百四十萬年前——足足比露西早了一百二十萬年。

與露西不同，阿爾迪並不孤單，在相同地區已發現多達三十多具骨骼化石，只不過稍顯破碎零散，需要更多的時間加以拼湊。阿爾迪身材很小，腦容量與黑猩猩相似，從骨盆判斷，無疑已經開始直立行走，只可惜腳是平足，不能遠距離奔跑，但無論如何，她的雙手已經被解放了出來，此外實在不能提出更高的要求，直立行走已經是一個巨大的驚喜。

爲了再現阿爾迪的生活環境，研究人員在當地收集了十五萬件動植物化石，以便重建遠古場景。結果意外地發現，那裡曾經是茂密森林覆蓋下的巨大平原，陪伴阿爾迪的有猴子、羚羊、孔雀等。這一研究成果帶來了新的麻煩，特別是大片森林的存在，似乎與以往稀樹草原的預期很不相符。此前認爲，由於森林消失，古猿不得不到地面生活，這才導致了直立行走。可是阿爾迪明明居住在大片森林裡，綠蔭如蓋，古木參天，其間猿猴如梭，花鳥如織，一片生機繁華景象，那麼以前的理論該如何處理呢？

新舊觀點衝撞，很快引發了一場巨大的爭吵，核心涉及一個嚴重的問題：人類到底什麼時候開始被稱爲人？或者說，阿爾迪到底能不能算作人？如果她不能算作人類，此前的人類進化理論當然就不會受到影響。

在一些人類學家眼裡，阿爾迪仍是一種猿，因爲生活在地上，所以被稱爲地猿；生活在樹上的，就被稱爲樹猿；生活在山裡的，就叫山猿了。一系列的考古發現表明，這三種猿似乎都有資格作爲直立行走的開創者。也就是說，要是以直立行走作爲金標準，有很多本來應該叫作猿的動物都變成了人。

正當科學界被遠古的化石弄得焦頭爛額時，仍然活著的紅毛猩猩也出來搗亂了。英國學者通過野外觀察發現，紅毛猩猩在樹上有時也會直立行走，牠們踩著樹枝兩腿交替前進，像雜技演員一樣謹愼而認眞。更令人吃驚的是，牠們的行走姿態與人類非常相似，膝蓋和臀部舒展大方，動作比黑猩猩還要漂亮。黑猩猩雙足行走時，膝關節被迫彎曲，身軀也沒有直挺起來，就像是佝僂的老者；而紅毛猩猩則擺出了昂首挺胸的姿勢，牠們的生殖器也都堂而皇之地暴露出來。

紅毛猩猩是唯一生活在遠古棲息地的巨猿，牠們始終沒有下地，存活的年代也比山猿和地猿更爲久遠。牠們在無聲地暗示著一種重要的可能性：原始人類可能在下地之前就已具備了直立本領。這樣一來，下地生活就不能作爲直立行走的必要前提了——紅毛猩猩沒有下地，也照樣直立行走。這與最新考古發現基本一致，那些六、七百萬年前的古猿都生活在多樹環境中。

爲了解決這些理論衝突，研究人員提出了新的假說，他們相信猿類早就能夠直立行走了，樹猿至少在樹上直立行走了兩千萬年左右，下到地面以後，仍然保持直立的姿勢——人類只是繼承了這一古老的模式而已。至於黑猩猩與大猩猩用指關節拄地的四足行走模式，應該是後來改回去的，指關節拄地絕對不是正確的行走策略，明顯是勉強湊合的權宜之計，其他四足動物都沒有這麼幹的。

這些困境意味著，人與動物之間的界線突然變得模糊起來。要是仍然堅持直立行走的金標準，人類的起源年代可能要深深扎進動物界中去，很難說清楚我們到底何時爲人。而如果有很多動物都能滿足「人」的金標準，這個金標準也就失去了價值。

人類學家面臨著兩個選擇：要麼重新定義人的概念，更清楚地劃分人類的勢力範圍，明確排除其他動物；要麼擴大人的外延，接納黑猩猩與猩猩等都算作人類，畢竟牠們也有些許的直立行走能力。我們憑藉直立而被叫作人，牠們爲什麼不可以？

但接納太多的動物與人類平起平坐並非易事，很少有人能放得下內心作爲「人」的尊嚴。我們也確實很難同意那種長著巨大獠牙的猿類也能算作是「人」，否則我們的社會結構將變得更加複雜。你能想像在餐廳吃飯時前面坐著一個渾身騷味的黑猩猩嗎？

如果我們堅決不願意與黑猩猩爲伍，剩下的方法只有一個：改變人的定義。

好在研究人員已經學乖了，他們知道單一的標準不合時宜，正確的做法是拿出複合的標準，把直立行走、牙齒、臉形、盆骨等多種特徵統統考慮進去。限制因素越多，符合標準的候選者就越少。

從猿到人之間的變化完全符合達爾文的漸變論思想，而在逐漸改變的事物中間，基本不存在一條非此即彼、非黑即白的清晰界線，告訴我們界線那邊是古猿、界線這邊是人。我們必須學會接受灰色地帶的存在。

推而廣之，任何一個生物類群的起源都不是瞬間事件，而是複雜和連續的過程。人類的出現是漫長進化過程的典型代表，我們不斷出現新的特徵，比如直立行走、膝蓋骨變硬、足弓出現、下肢變粗、面部變得扁平等，還有使用語言、自我意識萌生等。

這些不斷出現的特徵使得我們不斷成爲人。只有這樣嚴格而複雜的定義體系，才會讓其他所有動物都望塵莫及。牠們要想和我們平起平坐，至少要學會打招呼、擁抱、握手、聊聊天氣情況，或者談談家鄉的美景和曾經心愛的女孩，對未來的生活有什麼長遠的打算等。牠們一定會知難而退！

既然人類的進化是複雜而漫長的過程，直立行走只是其中的一個重要環節，我們也就不必根究人類到底是何時直立的了。

為什麼能「站著活」就一定不能「趴著」

難以確定人類直立行走的時間，並不意味著要停止對直立行走機理的探索，我們仍然可以退而求其次，追問另外一個有意義的問題：是什麼樣的自然壓力迫使人類祖先直立行走？翻成白話文就是：直立行走能帶來什麼好處？

有人會懷疑，如果連直立行走的時間都難以確定，還有可能回答其他問題嗎？一件事情找不著開端，又怎麼能說清存在的理由呢？

其實這是兩回事，直立行走的時間固然重要，但並不是非常重要。正如我們每天都要起床一樣，只要起床後認眞工作，那一天仍然有意義。儘管我們可能記不清到底幾點起床，但無論八點起床還是九點起床，只要從躺著狀態起來了，我們就可以問另一個問題：爲什麼要起床？是餓了，是渴了，還是尿急了？

同樣的道理，就算不知道人類直立的具體時間，我們也完全可以追問：人類爲什麼要直立行走？是餓了，是渴了，還是有其他五花八門的原因？

而這個問題似乎可以回答。

二〇〇六年，土耳其出現了一個奇特的家庭，偶然打開了一扇人類進化的天窗，或者可以使我們窺探到人類直立行走的生物學原因。

土耳其有一個家庭一共生了十九個孩子，其中五個完全失去了直立行走的能力，只能靠手腳爬行，語言和行爲也大大倒退，說話像猩猩一樣大聲吼叫。更爲嚴重的是，他們沒有時空概念，不知道自己身在哪裡，也不知道季節變化和日月推移，只能日復一日地以相同的心情生活在狹小的空間裡，不悲不喜，無欲無求。無獨有偶，二〇一一年底，伊拉克也發現了類似的家庭，有三個兄弟只能用四肢爬行，與那個土耳其家庭如出一轍。

這兩件事震動科學界，說明直立行走的意義遠遠超過其行爲本身，那不僅僅是骨骼排列的問題，極有可能還與語言和智力發展密切相關。儘管有人認爲那只是家庭照顧不周的惡果，但這方面的研究仍然立即成爲熱門。經過基因分析，證實那些爬行的孩子，身體中與直立行走相關的基因發生了突變，同時導致小腦受損，喪失了行爲控制能力，從而引發一系列行爲改變。進一步的研究似乎證明，在直立行走與爬行之間，或許只有一兩個基因的差距。我們可能在一念之間站了起來，也可能繼續爬行，這要看那個關鍵的基因有沒有發生隨機突變。

對於直立行走而言，基因突變只是生物學原因，或者叫作近因，而我們想了解的是進化原因，又叫作遠因，或稱終極原因。只有了解了終極原因，才能眞正了解人體進化的意義——生物學的終極原因也就是進化原因。

那麼，直立行走的終極原因何在呢？

數十年前有個極爲流行的觀點，認爲直立行走是爲了騰出前肢，去製造並使用石器工具，並最終把前肢變成了手。這種觀點在新的證據面前已完全站不住腳，人類直立行走的時間要比石器的出現早了至少一百多萬年。也就是說，大約在一百多萬年的漫長歲月中，人類根本沒有用自己的雙手製造過任何石器工具，但他們的前肢已經變成了手。

此外還有很多相關理論，比如認為直立的主要意義在於恐嚇對手，突然站立意味著身材猛地高大了一倍，棕熊和北極熊在戰鬥之前都要站立起來威脅對手，以圖不戰而勝。如果古猿突然直立，極有可能輕輕鬆鬆嚇跑敵人。但這一理論的困境是，現存的黑猩猩和大猩猩同樣會站立威脅敵人，特別是大猩猩，勃然大怒時捶胸頓足雷霆萬丈，但牠們並沒有因此而獲得直立行走的上乘功夫。

另一些學者認為，在空曠的草原上，食物稀少而分散，為了照顧家庭，古猿不得不從很遠的地方把食物和水搬運回住地，這樣就必須騰出手來直立行走。還有人說古猿需要用雙手抱著嬰兒，所以導致直立行走。這些說法都很難被學術界認可，後面將會講到，古猿是因為直立行走才導致需要懷抱嬰兒，而不是懷抱嬰兒導致直立行走。

最近有學者認為，直立行走的終極原因可能與節省能量的生存本能有關。在自然環境下，哪怕節省一點點能量，都意味著有更多的生存機會。為了驗證這一想法，研究人員給黑猩猩戴上小面罩測量氧氣消耗量，然後讓黑猩猩與人在跑步機上賽跑。結果非常驚人，人類直立行走所需的能量只是黑猩猩的四分之一左右。也就是說，在相同運動距離的情況下，當黑猩猩需要吃四根香蕉時，直立行走的人類只吃一根就夠了。節省下來的能量可以做很多事情——可以更好地發育，也可以更好地繁殖，甚至在閒極無聊時和同伴玩個惡作劇，從而學習更多的社交技能。

▲黑猩猩與人在跑步機上賽跑，在相同運動距離的情況下，人類消耗的能量只是黑猩猩的 1/4 左右。也就是說，當黑猩猩需要吃四根香蕉補充能量時，人只吃一根就夠了……

節省能量還意味著另一種可能，若吃掉的香蕉數量與黑猩猩相同，人可以走出比黑猩猩更遠的路程。而走得越遠，找到食物的可能性就越大，人類因此而邁上了征服世界的行程。而黑猩猩仍然被限制在遠古棲息地舉步維艱，就因為運動消耗太大，沒有走遍全球的資本。雖然這一觀點仍有爭議，但黑猩猩的運動範圍不如人類開闊，這是確定無疑的事實，牠們很少貿然走出自己熟知的叢林。

運動範圍也限制了黑猩猩的食譜，牠們不得不長時間咀嚼大量營養貧乏的葉片，其中大都含有難以消化的生物鹼和其他有毒物質，攝取和消化這些葉片佔用了太多的時間。既然每天要花十幾個小時吃樹葉，再花兩個小時解決大便，當然沒有充足的時間展開哲學思考，所以牠們不需要更大的腦袋。

這個理論聽起來蠻不錯，但仍然不能說服反對者。反方觀點認為，這一研究雖然找到了雙足行走在能量方面的巨大優勢，卻不能解釋這樣的追問：既然直立行走能節省如此多的能量，為什麼只有人類學會了這一「功夫」？其他動物幹嘛不一擁而上，或者早就直立行走？

事實上，這是一個階梯性的問題，臺階總是要一步一步跨上去，我們需要回答的是人類相比於其他靈長類動物為什麼要直立行走，而不必回答其他動物為什麼不直立行走。那不是解決問題的簡潔方式，只會引發越來越多的疑問，多到任何人都無法招架——世界上的動物種類實在太多，我們不能都去比較一遍。而只與靈長類動物比較時，節省能量這一個理由就已足夠，而且直立行走還帶來了另一個意外的好處，就是受到陽光直射的面積大為降低，本來我們整個後背都暴露在強烈的陽光下，無遮無擋，一覽無遺。直立以後，熱辣的陽光大多被腦袋擋住，而腦袋上方正好頂著濃密捲曲的頭髮，頭髮裡充滿了空氣，可以進一步隔絕源源不斷的熱量。且直立時身體可以遠離酷熱的地面，古猿可能就是經受不住地面高溫的煎烤而不得不站立起來。當初沒有直立的古猿，要麼仍然躲在叢林裡當猩猩，要麼都被曬成了原味肉乾。

可到底是什麼因素使得古猿從叢林中出來，到太陽底下曝曬呢？既然那麼多猩猩、猴子都可以繼續待在叢林中，爲什麼古猿不可以？

這需要一個強有力的理由。

「攝食理論」認爲：這個理由是食物，沒有哪種動物不被這一因素所驅使。早期人類主要食用小型食物，比如樹上的果實和地面上的草籽。當大家在一起攝食時，很多都會蹲坐起來，有的甚至直立身體去搶果實，並快速塞進嘴裡，否則就只能吃些落在地上或者直接掉到嘴裡的碎屑。

在荊棘密佈的灌木叢中，直立攝食的效果更好。灌木叢中到處都是多汁的嫩葉和美味的漿果，但又不方便直接爬上去採摘。像採茶姑娘那樣直起身子顯然能摘到更多鮮嫩的食物，早期人類也在刺叢中巧妙地練出了一雙飛花摘葉手，不然扎得滿手是血只會徒然增加細菌感染的可能性，而靈活的雙手需要強大的大腦支援，這是一個複雜的演變過程。

食物還是驅使早期人類不斷遷徙的重要動力。他們起初沒有家園意識，也不會種植莊稼，走到哪兒吃到哪兒，整個大地都是他們的免費食堂，把一個地方的食物吃光後就遷移到另一個地方再吃，大自然無條件地提供足夠的遷移空間，他們就這樣沿著食物的方向無目的遊蕩，從不回頭。由於不斷開拓新的領地，食物也就越來越豐盛，到處都移動著肥美的肉團，比如猛獁象和梅花鹿等，還有一些大型鳥類，此前從沒見過人類這種奇異的兩腳行走的動物，所以根本不知道害怕。捕獵有時是如此容易，甚至剛把火堆搭好，四周就已站滿了待烤的野味，偶爾還有急不可待的野雞會落到他們肩上。如果不去四處行走，當然很難遇上如此好事。

攝食理論後來經過了改造，不一定非要在地上，在樹上也照樣說得通。水果往往長在細小的枝條末梢，那裡不足以承受過多的重量，要是能騰出手來抓住其他樹枝以減輕壓力，會摘得更多的水果，這就是紅毛猩猩沿著小樹枝直立行走的原因，牠們的前肢必須抓住高處的樹枝，才不至於在摘到果實之前就踩斷樹枝跌落下去。這一猜測與實際觀察頗爲相符：紅毛猩猩並不是在所有樹枝上都直立行走，而只在粗細適當的樹枝上才這麼幹，如果樹幹足夠粗壯，牠們仍會伏下身去手腳並用地前進，因爲不擔心壓斷樹枝。

下面這個觀點可以看作是攝食理論的變異版本。很多靈長類動物在樹上都會玩出各種雜技式的動作，最令人印象深刻的大概是手臂懸掛在樹枝上來回搖盪，這就是臂懸運動。這種運動方式不但可以方便靈長類動物採摘果實，還有助於牠們從一棵樹盪到另一棵樹——總蹲在同一棵樹上坐吃山空肯定不是長遠之計。事實上，在研究人員看來，臂懸運動是從樹上到達地面的過渡形式。當遠古非洲草原有著成片森林被證實後，這一理論似乎更有說服力。在草原與森林的混合地帶，食物分佈時斷時續，早期人類爲了吃到更多的食物，不得不常常從一片森林走出來，快速穿過草原到達另一片森林，爲了獲取食物而不斷上樹下樹，原本就已成形的直立行走動作得到強化，最終徹底站立起來。

意料之中的是，這個理論的弱點也同樣明顯。

黑猩猩和大猩猩等人類的近親與我們有著幾乎相同的攝食需要，牠們與早期人類的食物競爭直接而激烈，赤膊上陣展開殘酷的肉體對決也是可以想像的情景。既然早期人類擁有了先進的直立行走技能，肯定在生存競爭上佔據優勢地位，那爲什麼沒有在相同的生態位上消滅這些近親呢？似乎反倒是早期人類被排擠出了叢林走向了草原，天理何在？

更深層次的原因可能與氣候變化有關。早期人類被迫下地是形勢所迫，而非食物使然，更不是受到了黑猩猩或大猩猩的迫害與排擠。這就是經典的「氣候變化理論」。

東非古猿曾經居住在綿延起伏、無邊無際的綠色森林中，整天在樹冠層來回攀緣，餓了就吃些水果，偶爾也吃昆蟲之類的小動物，閒看飛雲橫渡，臥對晨霧晚霞，過著悠然自得的田園生活。如果沒有意外發生，牠們大概永遠也不會從樹上下來，只要不被摔死，樹上遠比地面安全——很少有大型捕食動物會爬樹。

但世上沒有亙古不變的天堂，橫越萬里的東非大森林同樣如此。

大概在一千萬年前，由於地殼運動，歲月之刃無情地在地面切了一刀，東非大地慢慢從中間裂了開來。大裂谷西邊，水墨畫般霧籠雲罩的莽莽森林依然蔥鬱，古猿的日子依然閒適，絲毫沒有改變生活習慣的想法，牠們的後代一直生活到了現在，那就是黑猩猩、大猩猩和狒狒，此外還有侏儒黑猩猩，也就是比黑猩猩小一號的黑猩猩。牠們全都渾身毛髮，社會關係混亂，沒有語言也沒有文字，只能用小一號的腦袋玩些算不上陰謀的陰謀，爲的只是謀取更多的香蕉以及更多的交配權。

可是在大裂谷東邊，情況卻越來越糟糕，遠處吹來的熱風使得降雨不斷減少，森林隨之大片消失，到處木葉枯萎、春花零落，大地日漸蕭條。原本生活在樹上的古猿無樹可爬，又無法跨越巨大的裂谷，最後只有一個選擇——下到地面生活。

東非大裂谷撕裂了古猿的進化過程，最終迫使牠們演化出了直立行走的姿勢。古猿從樹上來到地面，是人類形成的重要一環，也是人類進化史上著名的「東方的故事」。

漫長的歲月裹挾著變化莫測的風雨驚雷，不斷摧動著進化的歷程。剛到地面的古猿面臨著極其嚴峻的生活考驗，牠們在草叢中無法看得更遠，爲了認清前進的方向，不得不努力站立起來，從而帶來了意想不到的好處，牠們視野更加開闊，能夠找到更多的食物、發現更安全的住所，相應地，也有更多的夥伴，從而生育更多的後代。大約在六百萬年前，第一批直立行走的古猿終於出現了，牠們站在進化的起跑線上蓄勢待發，只是雙腿的力量還稍顯薄弱。

後來，非洲草原的自然環境慢慢惡化，乾旱越來越嚴重，很多物種經不住環境變化的考驗，漸漸滅絕了。大量古猿也渴死在乾枯的草叢中。值得慶幸的是，我們的祖先頑強地堅持了下來。根據粗略估計，在過去六百萬年裡，至少有十一種原始人類在進化過程中悄然消失。在自然選擇面前，從來不需要憐憫和同情，而更需要智慧和勇氣，以及不斷交配的決心。

值得慶幸的是，所有這些特質我們從未丟失。

人類「前肢」的功能進化

從鯨魚到老鼠，所有哺乳動物都有前肢，這在進化上叫作同源器官，並且大致具有相似的功能，無非行走、攀爬和獲取食物等。只是蝙蝠改用前肢飛翔；鯨魚學會了游泳；黑猩猩等靈長類動物則開始學著製造並使用簡單的工具，有時還會爲對方梳理毛髮。無論前肢功能如何變化，仍有著基本相似的生理結構，最主要的特徵是五根指骨，貓熊似乎多出了一根拇指，但那只是假象。大自然發明了一種有用的工具後，就會不斷修修補補以充作新的用途，而懶得做出大的改動。

以示區別，我們習慣於把人類的前肢稱爲手。直立行走解放了雙手，導致我們的前肢出現了巨大的變化，幾乎與其他動物徹底區分開來。這對於雙手是亦喜亦悲的事情，喜的是不需要再整天踩著冰霜大地艱難地負重前行，從而成功擺脫了「蹄」這種低級庸俗毫無美感的稱謂；悲的是必須完成許多更加複雜的任務，很多工作都前所未有、匪夷所思，是「蹄」望塵莫及的，比如製作紅燒豬手或者泡椒鳳爪等，此外還要寫字、彈琴、玩遊戲。如果要寫出手的功能，大概可以列出一個長長的清單，特別是在獲取食物方面，且不說包餃子之類複雜的工作，至少挖掘塊根植物、摘取果實都非常實用，捕捉昆蟲也是進化的重要一環。

雙手在打架中的作用也不可小覷。由於人臉變得越來越扁平，牙齒撕咬已經不是有效的作戰策略；靈活有力的雙手大大增加了個體攻擊範圍，那是牙齒難以企及的打擊距離。從中國人崇尚武術的傳統可以看出，雙手在近距離搏擊中起到了舉足輕重的作用，李小龍的大名有一半拜他雙手所賜，拳擊運動員更是要靠拳頭吃飯。在冷兵器時代，幾乎所有武器都需要雙手操作，從飛刀到長槍無不如此，我們很少看到有人用腳提著雙錘和敵人火拼。冷兵器其實是雙手功能的延伸，後來這些兵器經過不斷改進，那也是雙手反覆操作的結果。沒有雙手，就不會有現代社會的火器，更不會有戰爭之外的任何發明。

大概正是爲了適應打架的需要，人類手指的長度被控制在一定範圍內，指關節的位置正好可以讓手指捲曲起來，方便收在掌心握成實心的拳頭，從而形成強大的攻擊力。黑猩猩很少用拳頭攻擊對手，牠們眞正有力的武器仍然是滿口大牙，撕咬的首選目標是對方的睾丸，那玩意兒掛在外面且大小適中，正好可以一口咬下，這種手法粗暴但有效。人類有時也會模仿這種功夫，英國有個女孩就因求歡被拒而咬掉了男友的睾丸。好在一般情況下，我們很少使出這一絕招。

我們的五根手指可以分合自如地做出各種靈活的手勢，而黑猩猩在拍照時想亮出個剪刀手都很困難。黑猩猩的手指細而無力，手掌粗糙多毛，手指無法緊握在一起，手的作用只適合抓住樹枝，保證自己不從樹上掉下來。牠們還可以使用一些簡單的工具，比如用石頭砸開堅果、用樹枝捅死葉猴，或者用細細的草莖釣取螞蟻，但那些工具只是略作加工，勉強使用，與人類的製作工具水準有天壤之別。如果扔給黑猩猩一只蘋果，牠們必須緊緊抱住蘋果，強行壓在牙齒上硬啃，雙手的笨拙程度展現無遺。而人類則可以輕鬆地一隻手拿起蘋果，無論橫著啃還是豎著啃都毫無壓力。

差別如此之大，原因在於黑猩猩以及其他猿類都沒有人類這般粗大的拇指，我們拇指的指骨只有兩節，一節不夠靈活，三節又不夠有力，兩節指骨是力度和靈活性的完美平衡，這樣的拇指又短又粗，加上大魚際肌肉的配合，拿東西更加穩便。拇指還可以和其他四根手指任意捏合，輕鬆組合出各種抓握形式，包括蘭花指這種高級技巧，根本的目的是製造更爲精巧的工具，進而吃到更多的食物，爲身體提供更充足的營養。

挖鼻孔時，我們還會發現五根手指粗細不同的妙處，其中必有一款符合鼻孔的要求。要是全如拇指般粗細，鼻孔直徑勢必要增大一倍，而那又將帶走過多的水分，導致不同程度的鼻黏膜乾燥，讓自己整天淚雨滂沱。

這當然不是雙手的全部功能。雙手一旦得到解放，人類就在不斷開發它的潛能，比如用特定的動作傳遞特定的資訊——擺手表示反對、招手表示到我碗裡來，這些舉止都需要被清晰地看到，掌心的皮膚理所應當地要比其他部位更白。所以，我們在揮手致意時都是掌心向前，而很少把手背對著人家，那樣很難傳遞準確的信號，相反，會被看作是少根筋。

粗壯的手臂也有用武之地。人類的前臂可以做三百六十度旋轉，上下左右千變萬化，太極八卦連環掌，這些雜技性表演都是吃飽喝足之後的副產品。胳膊上的大塊肌肉和大片皮膚就像免費的力量展示器，年輕人喜歡四處炫耀這塊展示器，因此更喜歡穿短袖衫或者無袖衫。有時，年輕人爲了取得更好的展示效果，還會在手臂上刺出各種詭異的圖案，關鍵不是刺什麼內容，而是敢刺，在光潔健康的皮膚上動針是勇敢與強壯的表現。睪丸激素水準越高，刺青花紋就越複雜，雄性競爭力就越強，比如九紋龍史進和貝克漢。

雙臂的作用還有很多，只是很少有人在意罷了，比如空閒時雙臂自然下垂，正好被拿來當作行走的平衡裝置。要是綁起雙臂，人體只能算是豎起來的一根肉棍，不但奔跑速度受到影響，而且極容易摔倒。雙臂下垂還可以最大程度地節省能量，所以大家無事時都會放下雙手，因此高舉的雙手才會很快成爲顯眼的目標。進球的足球運動員往往高舉雙手四處招搖，示意是他進了球而不是別人。因爲揮手要消耗更多的能量，所以大多在幾秒之內結束，如果一直舉著雙手走來走去，就算不覺得累，也會被看作是傻瓜。投降時高舉雙手，是在向別人示意自己沒有武器，是失去有效攻擊力的證明。與此類似，雙手合十也意味著放棄一切進攻意圖，被看作謙遜的姿態。很多民族在強大的神像面前都會合起雙手，表示自己的渺小與虔誠，因而雙手合十的人也會讓人感覺放心，而緊握雙拳的傢伙則給人相反的感覺。

靈活的雙手和長長的雙臂還使擁抱成爲可能。我們很少看到兩頭狗熊互相擁抱，有些靈長類動物也會擁抱，大概是出於互相依偎取暖的需要，身體暖和了，心情自然要好一些。人類的擁抱行爲是動物界最親密的行爲之一，對個體關係的調節能力僅次於交配，有時直接服務於交配。一般而言，女性對擁抱的渴望比男性更加強烈，她們的皮膚對擁抱更敏感。乳房作爲重要的第二性徵，在擁抱中首當其衝受到了直接的按摩，女性體內的催產素水準因此得以提高，雄性激素水準也隨之提高，給女性帶來強烈的快感，並增強了性欲。男人當然可以趁機從中「獲利」。這就是男女都熱中於擁抱的原因。

對於男人來說，雙手還可以用來叉腰。叉腰可以使身體看起來更加寬闊，顯得更有威懾力。早期的政令海報上，指引人民奮勇向前的領導者大多叉著腰，後來這種習慣得以糾正。現代領導者已經很少叉腰了，那樣顯得太具攻擊性。但如果不叉腰，空空的雙手應該放在哪兒好呢？以前是背在身後，徹底袒露胸部和腹部，而胸部和腹部正是最容易受到致命攻擊的部位，所以雙手背在身後足以表明情況盡在掌握之中，是權威與自信的雙重展示。把雙手交叉放在小腹前，是自我保護的意思，因而顯得非常低調內斂。

我們再也爬不回去了

其他動物很少直立行走，代表有其風險；人類終於直立，代表必有獨特的好處。風險與利益並存，只賺不賠的買賣在生物界極其罕見，我們有必要了解其中的利弊得失。

從一種行走狀態轉變為另一種行走狀態時，不可避免地會出現一些前所未有的困難。在生物進化過程中，沒有什麼事情永遠偉大光榮而正確。可以肯定地說，直立行走帶來了一大堆煩惱，露出陰部根本算不上什麼大事，重要的是頭部以下的骨骼都必須隨之改變，脊柱與骨盆要重新構建，以保證軀幹挺直。為了支撐身體的重力並緩衝運動的衝擊，脊柱需要加粗加彎，才能在保持身體平衡的同時節省步行所需的能量。但彎曲結構承受了過重的壓力，再加上一個大大的腦袋，導致脊柱下半部吃重最多——那裡正是腰疼的發源地。這些都是人類為直立行走付出的代價，而這還遠遠不是全部。

雙手得到解放的同時，意味著原本由四肢負擔的重量全交給了雙腳和雙腿。雙腿除了承重，還要不斷奔跑前進，任務相當繁重，所以不但骨骼關節變粗，肌肉也大幅增加。如此粗重的大腿，再加上好大一截上半身，全部都要壓在膝關節、踝關節和腳上，這正是人類飽嘗足痛膝傷之苦的根源。

直立以後最有苦難言的應該是腳，身體的所有重量將不得不由這兩片強大的底座承擔，使得腳成了專業性極強的工具，除了負重與走路，再沒別的事做——像其他靈長類動物那樣靈活的抓握功能，都早被拋棄。為了適應直立承重，腳部骨骼增大，特別是腳後跟，比所有靈長類動物都要強大，體重五十公斤的女性腳骨比一百五十公斤的大猩猩腳骨還大。

增強版的腳骨可以分擔來自上部的壓力，但骨頭一大，密度就容易跟不上，所以腳跟主要由稀鬆的網狀海綿骨組成，這就帶來了另一個嚴重的問題——骨骼組織暴露面積增加，鈣流失加快，年老以後極易骨折。很多籃球明星長人退役時間比其他運動員要早，不是因為他們不想打，而是因為不能再打，他們的身體對腳部的壓力過大，骨密度容易跟不上，骨折的風險也就更高。

其實，腳部和手部的發育機制相似。如果一個人大腳趾較長，大拇指也較長，表明基因在用一種省事的方法控制著手和腳，就像一個部門可以負責兩種任務，每一個指令都同時影響著手和腳。更為有趣的是，科學家認為腳部變化引起了手部變化，準確地說，手只是腳的另一份拷貝。雖然腳沒有手那麼靈活，但其潛能不容小覷。有些人經過練習，腳的靈活性幾乎能與雙手媲美，可以完成很多複雜的工作，比如梳頭、寫字、縫衣服、剝玉米、包餃子等，如果你對餃子的味道沒有什麼特殊要求，肯定會為腳的靈活性感到震驚。但所有這些潛能都被直立行走埋沒了，雙腳的任務只剩下不停地行走和奔跑，就像才情俱佳、身負曠世武功的武林高手，被困在黑暗的小山洞裡每天做著撿煤球的工作一樣。這是雙腳為直立行走付出的巨大犧牲。

此外，直立行走使得人類對食鹽的需求量比其他動物更多。沒有哪種動物像人類這樣離不開食鹽。食鹽雖然在維持細胞滲透壓、血壓和消化道的酸鹼度等諸多方面有重要作用，但這對所有動物都是一樣的。人類之所以有特殊需求，主要原因可能是人體內的鹽分隨汗水流失，大量的鹽分丟失，就需要大量的鹽分補充，這是長期奔跑的結果。另一個因素是，人類腦脊髓液每天更新三、四次，相當於一兩瓶啤酒的容量，因此需要不斷補充鹽分才能維持有效的腦脊髓液壓力，只有這樣才能保護大腦與脊髓免受直立行走的巨大衝擊，否則極易走成腦震盪。

直立行走造成的另一個麻煩爲女人所特有，她們骨盆變短增寬，股骨傾斜嚴重，奔跑速度相對較慢，做同樣的運動要消耗更多的能量，而且膝蓋更容易受傷。女人的運動能力比不上男人，這是身體結構上的限制。

直立行走還直接提高了大腦的高度，導致大腦極易缺血，而要加強供血，心臟負擔必然隨之增加，使得人類易患心血管疾病。

此外，還有一堆直立行走帶來的毛病，比如奔跑時下肢承受的壓力接近於體重的好幾倍，所以骨骼磨損嚴重，老來難免光景難熬；久站還使肛部血壓增加，容易形成痔瘡。有一種病叫衛兵痔，就是長久直立造成的。本來動物內臟都是平放的，現在由於直立，內臟被吊了起來，結果各種內臟受到重力作用就容易下垂，諸如胃下垂、腎下垂、子宮下垂、小腸下垂等，都是人類獨有的常見病。搞不好，連心臟都有下垂的風險。而四肢行走的動物，完全沒有下垂的麻煩。

可能有人會說，既然直立行走有這麼多麻煩，我們再爬回去怎麼樣？

曾經滄海難爲水，無論你的意志有多堅強，我們都不再是適合爬行生活的動物。隨著直立行走，人類的上肢變得小巧纖細，還比雙腿短了很多，如果再改爲四肢著地，手臂吃不消身體的壓力，不得不花更多的時間坐著休息。勉強四肢行走時，屁股也會蹶起老高，比撿肥皀還危險，男人稍不注意甚至會把尿撒進嘴裡。這還在其次，更大的麻煩在於雙手——無論把手指蜷起來還是攤開，都不適於長途爬行。更不要說我們的手掌太過柔弱，很快就會被大地磨得滿是鮮血，每走一步都要留下帶血的「足印」。

要是你願意嘗試，還會發現更多的麻煩。最難搞定的是腦袋，爬行時臉部朝下，根本看不見前方。要想把腦袋強行抬起來，脖子就不得不具備更大的拉力，考慮到腦袋的重量，這種能量損失也非同小可。

不管你是否承認，我們都再也爬不回去了。直立行走是自然選擇賦予人類的金鑰匙，不經意間觸發了一個巨大的進化開關，從此啓動了不可逆轉的演變進程，持續刺激人體的其他特徵不斷出現，指引著人類大步向著文明邁進。

所以，我們怎樣評價直立行走的意義都不過分，那是一切後續進化的基礎，其所引發的最直接性狀是，我們開始脫去了渾身毛髮，露出了光潔而有彈性的皮膚。

第二章 人爲什麼不長毛

人類體毛的整體脫落和局部保留都是對環境的適應，或者是男女博弈的結果。脫去體毛的人類發生了巨大的連鎖變化，裸露的皮膚散熱效果極佳，直立行走的潛能得以充分展現，長途奔跑使得捕獵效率空前提高，人類因此可以吃到更多的肉食，營養水準大為改善，為人體的深入進化打下了基礎。

如果你能勇敢地脫光衣服與黑猩猩站在一起，你會同時脫下隱藏在內心深處的種種自卑，無論從哪個角度觀察，在黑猩猩面前，你都顯得更勝一籌。不說內在的涵養和素質，首先映入眼簾的皮膚就顯得光滑潤澤、清新脫俗。儘管黑猩猩是這個星球上與人類生物學關係最近的動物，但你與牠們之間還是存在巨大的可視差異：黑猩猩渾身上下長滿了濃黑的毛髮，只是局部地區無毛；而勇敢的你，則基本全身赤裸，只是局部地區有毛。

既然人類由古猿演化而來，爲什麼非要脫去滿身的毛髮呢？那身濃密烏黑的毛髮難道不好嗎？連眞皮外套都省得買了，穿起來絕對合身，而且天然環保，不需要防腐劑和拋光劑。

平心而論，滿身毛髮遠不止免費眞皮外套那麼簡單，試想一下那套天然皮草的好處，不僅能防止皮膚潮濕，避免被陽光曬傷，在叢林中穿行時不易被荊棘劃得傷痕累累、鮮血淋漓，還可以抵抗蒼蠅和蚊子的侵擾，比如黑猩猩就從來不需要點蚊香。不僅如此，大部分毛髮還有僞裝功能，獵豹的豹紋服簡直就是製作精良的原創天然迷彩服；老虎的斑紋與叢林中灑下的光影極爲相近，所以才能屢屢偷襲得手，脫去毛髮後的僞裝效果將大打折扣。

毛髮還有一個意想不到的作用，就是表達情感。拿家貓來說，牠乖巧的時候，毛髮也會很乖巧，摸起來一順水的服貼，很少有逆毛。可一旦生氣，小小動物也會表現出汗毛倒豎、虎目圓睜的架勢。狗在打架前的熱身運動中也採用類似套路，先是齜牙咧嘴，脖子間的毛髮會突然立起，看起來猙獰恐怖，給人凜然不可侵犯的感覺，足以嚇傻平庸的對手，此即所謂不戰而屈人之兵。虎狼之輩都是行家裡手，獅子鬃毛的威力甚至超過閃著寒光的獠牙。毛髮在競爭中無疑起到了擂鼓助威的作用，在性選擇時也有助於力壓群雄。人類也有相似的反應，突然遇到可怕事件或是極度憤怒時，毛髮也會豎立起來，只不過汗毛過於細小，不易被察覺罷了。

毛髮另一個不爲人知的重要功能是幫助動物彼此相認。一隻貓看見另一隻貓並心生曖昧，主要是根據毛髮的紋路來判斷牠是否同類。一般而言，在野生狀態下，貓絕不會把體型相近的狗看作朋友，更不會主動上去湊熱鬧，甚至企圖發生關係。很簡單，牠們的外套樣式足以證明對方非我族類。由此看來，小小毛髮竟然事關繁殖大業，如果忙了半天卻搞錯了族類，就會立即從緋聞升級爲醜聞。

正因爲毛髮具有如此重要的作用，所以，百分之九十以上的哺乳動物都有毛髮，裸體的傢伙大多生活在地下或者海裡。比如裸鼴鼠，長年累月生活在地洞中，既不需要毛髮保暖，也不需要毛髮防曬，牠們索性脫去毛髮，順便免除了滿身寄生蟲的困擾，整日赤身裸體，毫無羞恥之意，在地洞中過著顛倒日月的生活。只是小小的身體脫去皮毛後，保溫性能有所下降，反倒出現了類似冷血動物的代謝特徵，有時需要靠冬眠渡過難關，好在地洞恰好也是睡覺的好地方。

另一大類脫去毛髮的哺乳動物是鯨魚和海豚，牠們與水獺不同，水獺經常需要上岸，而鯨魚長年不到海灘曬太陽，在水中披著一套潮濕的毛髮當然沒有任何意義。可是，還有一類哺乳動物既不生活在地下，也不生活在水裡，卻也是毛髮稀少，一副少年老成的模樣，比如大象。雖然我們的焦點往往停留在牠長長的鼻子和獠牙上，生物學家卻對牠們稀疏的毛髮很感興趣，那或許有助於理解人類的脫毛現象。

科學界並不認爲大象毛髮稀疏難以理解。大象個頭太大，皮膚被撐得很開，不需要詳細計算就可以知道，單位面積毛髮數量肯定少了很多。就好比把人的腦袋放大十倍，那一頭原本濃密的長髮必定稀疏不少。但一個理論要想讓人信服，就必須能應付各種刁難。大象的反例來自滅絕的猛獁象，那傢伙個頭和大象差不多，卻有著濃密的長毛。有人解釋說：猛獁生活在寒冷的西伯利亞，非常需要毛髮禦寒；而大象主要生活在熱帶，對毛髮的依賴並不強烈。問題是和大象生活在相同地區的斑馬、獅子等都有著渾身毛髮，照樣生活得很好，爲什麼獨獨大象少毛呢？

更爲合理的觀點是，雖然斑馬、獅子與大象生活在同一地區，面臨的實際問題卻並不相同。這個實際問題就是，斑馬和獅子雖然個頭很大，但還沒到與大象相提並論的程度。而個頭越大的動物，相對表面積，即體表面積和體積之比就越小，相對表面積越小就意味著散熱功能越低。個頭大的動物散熱能力反而差，這正是大象的弱點，龐大的體型必然產生巨大的熱量。事實證明，牠們的體表溫度在哺乳動物中是最高的，常常高達攝氏五十多度，其他哺乳動物根本難以忍受。爲解決散熱難題，大象表皮長出很多褶皺以增加散熱面積，同時脫去了多餘的毛髮，否則會被活活熱死。與大象相似，個頭很大的犀牛、河馬的毛髮也都很少。

現在的問題是，解釋大象毛髮的理論並不能直接應用於人類。人和大象是完全不同的動物，和鼴鼠、鯨魚也不同：人既不生活在地下，也不生活在水裡，個頭也沒有那麼龐大，可卻偏偏把一身誘人的毛髮給脫掉了，豈不怪哉？爲此，科學家不得不開發新的理論來解釋人類光滑皮膚的成因，不然會遭到好奇心極強的大眾鄙視。

對於考古學家而言，皮膚問題異常複雜，因爲體毛脫落事件不會留下化石，研究人員可以通過化石判斷人類何時直立，何時腿變得很長能夠快速奔跑，何時頭腦變大可以思考複雜的問題，卻很難從化石中找到體毛脫落的線索，因而極難判斷體毛脫落的大致時間。可是脫落時間對於理解皮膚進化至關重要。如果能確切知道體毛脫落的地質年代，就可以跟蹤當時的地球氣候與環境等因素，進而分析體毛脫落的原因。然而，現在並沒有發現證明體毛脫落的化石，我們必須依靠化石以外的證據。

很少有人知道，黑猩猩濃密黑毛之下的皮膚竟然是可愛的粉紅色，據此可以推測，早期人類的皮膚也應該是粉紅色，可是擁有粉紅皮膚的現代人極其少見，期間必然發生了巨大的變異，而膚色變化可以從基因中找到證據，這給出了追蹤脫毛時間的重要線索——膚色變化必然發生在脫毛之後，或者說只要脫毛，膚色就必須發生變化，否則將很快被非洲毒辣的陽光曬死。

科學家的研究結果令人驚喜，果真存在控制膚色的基因序列。分析發現，非洲黑人幾乎都有一個相同的膚色基因突變，時間大約在一百二十萬年前。也就是說，最遲從那時起，人類的膚色就開始變化。自那以後，我們的祖先就徹底脫去了體毛。想像一下，那是何等壯觀的畫面：在強烈的非洲陽光下，原始人類赤身裸體長髮飛揚，毫無顧忌地在一望無際的稀樹大草原上縱情奔跑了一百多萬年。

有了大致的脫毛時間，我們還需要進一步追問脫毛的原因，對此，科學家卻一時不知如何回答，年代的久遠、證據的缺乏、環境的巨大改變，使這一問題充滿了變數，充滿變數的問題其實就是非常困難的問題，但解決的辦法卻意外簡潔，只用一個字就可以概括——猜。

當然，科學家們的猜測多少要有些科學依據，爲了與茶館裡的胡扯亂猜區別開來，他們一般會給自己的猜測起個更漂亮的名稱——假說，其本質仍然是猜測，只不過是比較有水準的猜測。

既然是猜測，就意味著很多人都能說上幾句。幾百年來，無數科學家殫精竭慮搔破了頭皮，先後提出了各種各樣或怪異或有趣的理論，有人甚至被逼迫到了胡說八道的地步。比如，有人認爲如果人類仍然保留著滿身毛髮，就很難清理黏到身上的草籽和糞便。這種觀點我從一位鄉下挑糞老人那裡也聽到過，他當時渾身臭氣，思維卻很清晰，對天上地下的很多事情都有自己的看法。所以啊，到現在爲止，討論人類體毛脫落的假說已經有十幾套了，聽起來似乎都有點道理，但又總有那麼一點漏洞，很多天才式的猜想後來都被證明是錯誤的。好在聰明的人總在不斷湧現，聰明的理論也在一波一波地衝擊著愚蠢的觀點，現在我們終於可以一窺光滑皮膚之下掩藏著的神秘玄機了。

我們都是永遠長不大的嬰兒

剛生下來的肉肉地、圓滾滾的小鼠非常可愛，牠們四肢短小，渾身無毛，粉嫩的皮膚惹人憐惜，這種可愛的狀態就是幼態。但幼鼠的生長速度非常驚人，會迅速變得老氣橫秋不可愛起來——隨著時間的推進，粉紅色的皮膚上會很快長出一層灰黑色的毛髮。當一隻渾身黑毛的老鼠出現在你面前時，基本可以判斷牠已經不是幼崽了。如果肉滾滾的小鼠一直保持可愛的幼兒形象，就可以稱之爲幼態持續。

小鼠並不是幼態持續的楷模，眞正的楷模是人類。剛出生的嬰兒皮膚看起來和小鼠差不多——無毛、粉嫩、吹彈可破。與小鼠不同的是，當人類成長到一定年齡，皮膚依然粉嫩。也就是說，人類在某種程度上保持了幼年的身體特徵。裸露的皮膚正是幼態持續的典型表現——我們維持了幼年時期渾身無毛的可愛特徵，直到成年，毛髮也沒有全部再長出來。

幼態持續是人類的重要現象，並深刻影響著人類進化的過程。如果沒有幼態持續，我們就不再需要進幼稚園，也不需要學校生活，因而無法有效開展社會化管理。更重要的是，幼態持續還影響了人類的文化。爲了把自己的後代撫養成人，有時人們不得不早婚，因爲古代的預期壽命並不長，只有早婚才能儘早生下孩子，否則自己臨死前，孩子還沒有掌握獨立生活的能力。問題是，如果結婚年齡提到了性成熟之前，很多男女根本對這事沒有任何準備，他們完全不知道應該如何選擇配偶，這時候父母的建議當然非常重要，這就是中國傳統文化中「父母之命，媒妁之言」存在的合理性。

「幼態」本來應該是對人類脫毛現象的成功解釋，人們很難提出反對意見，倒不是這個理論有多正確，而是其中的因果關係可以相互替換，即，因爲幼態持續，所以身體無毛；或者說，因爲身體無毛，所以是幼態持續。你無論如何也不能說它錯了。缺點在於有些無賴，是典型的自我重複論證，表面上似乎把什麼都解釋得很清楚，事實上什麼都沒說，而只是把問題轉換了一下，從爲什麼脫毛變成了爲什麼幼態持續。

以一種需要解釋的現象來解釋另一種需要解釋的現象，等於沒解釋。所以，我們仍然需要其他解釋。

最容易讓人接受的理論認爲：體毛減少不利於保溫，可不能想脫就給脫了，只有在衣服出現之後，才可能徹底放棄對體毛的依賴。想想在冰天雪地中裸體行走會有什麼結果吧，經過零下二三十度的寒風洗禮，回家以後，那根凍成冰錐的小小陰莖可能就再也不見蹤影了。這種說法雖然符合常識，卻不符合考古證據。對人類漫長的進化史而言，穿衣服的時間實在太晚，不足以使人類產生如此巨大而徹底的變化。人類應該在穿衣服之前已經裸體很久了，只是裸體的人類一直居住在炎熱的非洲，不必面對冰雪的考驗，所以也不必擔心凍壞那根寶貴的陰莖。

人類學調查也讓穿衣理論徹底沉默。美洲亞馬遜和東南亞熱帶叢林中有些原始部落長期與世隔絕，他們根本沒有穿衣服的概念，除了對生殖器略加遮掩以外，無論男女老少，都是整天裸露，而他們的體毛依然稀少。所以，衣服對裸體的影響實在是微乎其微，我們是因爲裸體才穿起了衣服，而不是反過來那樣。

另一個易於理解的理論是「用火說」，因爲人類對火的使用而導致體毛脫落，不然體毛太多，稍不留神就會引火焚身，脫去毛髮當然更安全。這個看似頗有道理的說法同樣面臨著時間困局。有確切的證據發現，周口店的北京猿人已經學會了用火，牠們的洞穴中保存著厚厚的積灰層，但同樣有證據發現，北京猿人仍然披著滿身毛髮，難道他們不擔心被燒死嗎？而且，用火說不能很好地解釋陰毛和頭髮的存在，莫非那裡的毛髮不容易被點著？

另外有人認爲，相對於其他動物把毛髮樣式作爲彼此相識的重要途徑，人類體毛脫落也是一種奇特而明顯的識別標誌，大家都裸體就不會搞錯對象。畢竟，在與黑猩猩雜居的叢林中，赤條條的肉體更容易辨認。因爲皮膚光滑，就算在夜晚也不會摸錯對象。可是，反對者同樣不以爲然，如果僅僅爲了互相識別，還有大量方案可以採用，靈長類動物有的是紅臉，有的是紅屁股，還有的長著肥大的鼻子，不一定非要把體毛給脫掉，那樣代價未免太大。更麻煩的是，那些沒有脫毛的傢伙很少因爲識別錯誤而認錯同類。

最近提出的「寄生蟲假說」則認爲，毛髮是寄生蟲的理想天堂，那裡營養充足，溫暖而安全，其中必定會滋生大量跳蚤、蝨子之類的「吸血鬼」，很多有毛動物都死於寄生蟲引發的疾病，而人類裸露的皮膚有助於保持身體清潔，讓寄生蟲無處躲藏。所以，脫去毛髮是抵制寄生蟲的有效手段。

有過頭蝨的人會覺得這個理論無懈可擊，但反對者卻清楚地指出：寄生蟲複雜的生活史要求相對穩定的居住環境，牠們很難適應顛沛流離的生活，而原始人類浪跡天涯，四海爲家，並沒有固定的居住點，寄生蟲根本抓不到人類的蹤跡，也就不存在人類爲此而脫去體毛的理由。人體寄生蟲是在定居之後才出現的。何況，要是僅僅爲了抵抗寄生蟲，就應該把陰毛和頭髮也一併脫去才對，因爲這些部位恰恰更容易滋生寄生蟲。很多哺乳動物都面臨著寄生蟲的威脅，牠們不得不花費大量時間定期清理毛髮，卻並不意味著非要脫去毛髮。黑猩猩沒有脫去毛髮，同樣面臨寄生蟲的威脅，同時還可能受到黴菌和苔蘚的侵擾，但牠們至今仍然有毛，人類爲什麼不可以呢？

有人很快拓展了這個理論，給出了補充解釋，寄生蟲其實並不是重點，人類生活中有一個沉重的負擔，就是大小便的處理。我們肯定不是一開始就懂得要建廁所，那該如何是好呢？黑猩猩洩露了原始人類處理大便的秘訣，方法簡單而且粗暴——直接把大便拉在床上——如果你願意稱那裡爲床的話。

把大便拉在床上固然省事，但身上的毛髮肯定會沾滿糞便，長此以往，任誰都會失去往日飛揚的神采，身上積滿了陳舊的大便，變得臭不可聞，無論對生活還是戀愛，都極度不利，更不要說還會帶來健康問題。黑猩猩知道這樣不好，牠們很知趣，從來不在某處定居，每天晚上都要換一個新的住所。牠們睡過的地方就是牠們的廁所，牠們不喜歡長時間睡在同一間廁所裡。

既然人類面臨著同樣的衛生問題，可以推定，我們必然在定居之前就已脫去了毛髮——很難想像光著身子睡在大便裡的情形，那樣雖然方便，卻不雅觀。

這個問題還有另一種解讀，人類不一定先脫毛再定居，也可能先搞好衛生工作再定居。關於這一點，不拘小節的黑猩猩再次給出了提示，牠們有時也會注意衛生，比如蹲在高高的樹枝上拉大便，甚至偶爾也用樹葉去擦屁股。當你在剛果叢林中小心前行時，突然見到空中飄下幾片帶屎的樹葉，請你千萬不要大吃一驚，那只是黑猩猩正在上廁所。要是黑猩猩都知道擦屁股，早期人類應該做得更好，而且會把屁股處理得更乾淨，這樣一來，毛髮就不再是制約因素。也就是說，定居並不需要以脫毛爲前提；或者說，人類並不是因爲定居才脫毛。

如此眾多的理論似乎都不能很好地解釋人類裸露皮膚的疑問，體現了進化論研究的一個重要特點——總是在爭論中前進。爭論可以激發思考的興趣，從而展開更爲深入的研究，那是科學進步的眞正動力。

無論如何，我們仍然需要一個系統的理論對人類的皮膚做出解釋，「水猿理論」就是在這種情況下流行開來，並得到許多人的認可。但麻煩的是，仍有一部分人不同意這個理論，有意思的是，很多反對者都是生物學家，而且是著名生物學家。

所以，這註定又是一場激烈的爭論。

進化史上那隻沒毛的水猿

早在第二次世界大戰期間，德國正在對其他歐洲國家展開無休無止的狂轟濫炸之時，一位德國病理學家卻在認眞思考人體進化的問題。可能希特勒對進化論比較感興趣，上有好焉，下必附焉，這位病理學家貿然提出了「水猿理論」，但他的專業實在與人體進化相差太遠，而且那時戰火連天，很多學者都處在水深火熱之中，哪有興趣考慮人類的皮膚問題，所以這個理論當時並沒有受到應有的重視。

時間到了一九六〇年，英國海洋生物學家哈迪（Alister Hardy）再次對人類體毛脫落問題進行考察，並重新翻出水猿理論。哈迪是頗有成就的正統學者，曾被英王封爲爵士，他提出的理論應該值得了解一下。

水猿理論的要點是：很久以前，大約在八百萬年前到四百萬年前，非洲東北部由於海平面升高，大片土地被淹沒，劇烈的環境變化產生了強大的進化壓力，那裡的古猿爲了生存，在相對短暫的時期內適應了海中生活。當然，這批水猿並沒有永遠生活在水裡，否則牠們將會進化成別的水生動物。約在四百萬年前，海平面下降，被淹沒的土地重新顯露，水猿得以回到陸地生活，並逐漸演化爲眞正的人類。正是這段水中生活的經歷，導致水猿體毛脫落，並用一層厚厚的皮下脂肪保存熱量。

這一理論乍聽起來非常有道理，似乎很好地解釋了人類流線型的身體和直立行走的姿態，在水中練習直立行走肯定容易得多。黑猩猩只要進到深水中就「無法自拔」，根本浮不起來；人類卻可以浮起來，只要不瞎折騰，一般淹不死，這應該是適應水中生活的重要表現。至於身體無毛，則是爲了減少在水中活動的阻力，從而降低游泳時的能量消耗。由於頭部需要時常露出水面換氣，所以保住了頭髮。

水猿理論還解釋了人類奇特的汗毛走向。我們背上的汗毛與其他猿類完全不同，都是順次斜斜地指向脊柱，正好像游泳時水流經過背部的路線。人類的皮下脂肪也很獨特，在所有靈長類動物中，只有人類才有較厚的皮下脂肪，猩猩和猴子都沒有，摸起來乾巴巴的，一點兒也不柔軟。而鯨魚、海豹等海洋哺乳動物都有皮下脂肪，主要是出於在水下保持體溫的需要，因此有理由相信人類也是出於相同目的進化出了皮下脂肪。

要是慢慢收集，還可以找到很多符合水猿理論的人體特徵，相關專著連篇累牘，讓人想不相信都難。

哈迪提出這一理論時頗爲認眞，但仍然被主流科學界視爲胡說八道。在很多學者眼裡，這個理論更像充滿離奇想像的探險小說。水猿理論眞正走進大眾視野廣爲人知，得益於另一位英國女人，奇怪的是她並不是科學家，而是一位作家。她喜歡讀書，一九六七年讀到了英國著名動物學家莫里斯（Desmond Morris）的名著《裸猿》，書中回顧體毛研究史時提到了水猿理論。女作家大受啓發，立即決定深入了解這個問題。她的科學水準姑且不論，但她的如花文筆卻讓水猿理論廣爲人知。

這位作家名叫摩爾根（Elaine Morgan），她本是一位女權主義者，對當時很多人類學家貶低女人的進化地位非常不滿，爲此她決定改造水猿理論，以此證明女人與男人在起源上完全平等，甚至是男人爲了適應女人而改變了自己。在此基礎上，她把這一理論不斷放大，不只用於解釋體毛問題，還涉及人體進化的諸多領域，比如生殖器官的形成、性交體位的變化等。但只要是對人體性狀略作了解的人，就會明白這樣的道理，試圖用單一理論解釋人體的複雜性狀是狂妄的想法，只需小小的睾丸就可以把她堵得啞口無言，更不要說女性豐滿的乳房了，這兩個附件明顯突出於身體之外，游泳時肯定會額外增加水流阻力，是不適應水下生活的直接證據。沒有任何一隻海豚拖著巨大的睾丸在海面玩衝浪遊戲，否則翻湧的海浪會很快將牠們的睾丸拍成海鮮肉丸。

但摩爾根不考慮這麼多，她依然勤奮不懈，爲了發展水猿理論而鑽研人類學十餘年，然後出版專著總結自己的觀點，並利用作家的宣傳能力到處演講，對水猿理論進行了不遺餘力的推介。很多讀者因此而知道了這個錯誤的理論。但在科學面前，宣傳並不能起到顛倒黑白的作用。

摩爾根的努力並沒有錯，錯在她不是眞正的動物學家，不是動物學家的意思是，她缺乏系統而扎實的動物學知識，導致很多說法看似趣味橫生、頭頭是道且極有邏輯，但在動物學家眼裡卻到處都是漏洞，以至於錯誤百出、慘不忍睹。除了她本人，強力推廣水猿理論的支持者都不是動物學家，意味著這一理論受到了主流學術界的普遍抵制，隨便給出的反駁意見就足以讓水猿理論捉襟見肘。不妨先看看摩爾根及其支持者給出的系列證據，再看看專家的反駁，或許我們才會知道，原來提出一個理論並加以維護並不容易，就像想把破舊的三輪改造成敞篷豪華跑車那樣難如登天。

摩爾根認爲人類脫去體毛是支持水猿理論的重要證據，是典型的適應水下生活的結果，並且引用鯨魚和海豚爲旁證，這些海洋哺乳動物都脫去了體毛並有皮下脂肪。然而這個例證根本站不住腳，無毛性狀儘管可以減少水流阻力，卻大大加速了體表熱量散失，水比空氣更容易導熱，因而水生動物熱量散失速度遠比陸生動物更快，所以魚類基本都是冷血動物，牠們不需要保持體溫。但人類不行，如果長期生活在海水中，必然面臨體溫迅速喪失的困境，這也是所有海洋哺乳動物都要面對的困境。

與摩爾根的設想相反，很多海洋哺乳動物都有一層濃密的體毛，比如海獺。海獺非常重視體毛的作用，出水後會積極整理毛髮，下水前還會用力向毛髮裡吹氣，藉以提高保暖性能，否則在水中照樣會因冷凍而麻痹。眞正無毛的鯨魚、海豚等反倒是特例，牠們都有各自應對低溫的策略。比如鯨魚體型巨大，和大象一樣，凡是體型較大的動物都不容易散熱，再加上一層厚厚的皮下脂肪，基本不必擔心體溫流失。海豚的體型雖然不大，但在海中特別活躍，我們能看到牠在一直反覆衝浪前進，不斷的活動意味著不斷的熱量供給，爲此牠們的大腦左右半球只能輪流休息，牠們正是借此保持體溫。

明白了這個道理，就知道古猿在水中生活根本沒有優勢。根據化石標準，古猿的體重一般不過三、四十公斤，與海獺差不多，這種體型在海水中維持體溫幾乎不可能，很快就會被凍個透心涼，那一層皮下脂肪並不足以保命。此外，人類的身體雖然呈現流線型，但與鯨魚之類的動物相比，差距仍然很大。人家已經接近於紡錘形，在水中的阻力被降到最低；而人類的四肢依然突出，加上睪丸、乳房等拖拖拉拉的外掛配件，在水中完全不是海豚的對手。

另一個現象是，凡是徹底失去體毛的海洋哺乳動物，都長年生活在水中，比如鯨魚，很少有人看到牠們在海灘上曬太陽；而有毛的海洋哺乳動物則不然，牠們都過著兩棲生活，在水中吃飽喝足之後需要上岸休息和繁殖，比如海獺。水猿還有一個致命的缺點，就是不能飲用海水，爲了尋找淡水，牠們不得不時常爬上岸來，那意味著人類像海獺一樣，完全沒有脫掉體毛的道理。

但摩爾根不死心，她開始從現有的猿類那裡尋找證據，比如很多人都喜歡玩水，而黑猩猩卻很少在水裡玩耍，不得已要經過一片水域時，也是小心翼翼、步步驚心，時時擔心水下的危險。而人類則很享受在水中的情形。有些醫院提倡孕婦在水中生產，嬰兒見水就會游動起來。摩爾根認爲，這都是人類曾經在水下生活的重要證據。然而生活常識告訴我們，如果不經過特殊訓練，隨便下水非常危險，每年夏天都會發生大量溺斃事故，我們在水中並非眞的如魚得水。至於孕婦可以在水中分娩，只是因爲胎兒在子宮裡就處於羊水環境中，他們對游泳並不陌生，剛出生的嬰兒不怕嗆水是由於肺部還沒有打開，他們在子宮中並不需要呼吸。並且已有觀察發現，只要條件許可，黑猩猩也喜歡在安靜的水塘中嬉戲，儘管牠們到了深水區就會沉底，但只要沒有鱷魚，就不會影響牠們遊戲的激情。對水的喜愛與恐懼更多的是一種文化現象，而不是生物現象，無論人類還是猴子，基本如此。

水猿理論還認爲，在水中站立更省力氣，所以導致人類直立行走，並爲離開大海進入叢林，成爲狩獵猿打下了基礎。但現實很殘酷，現有的水生生物都不方便在陸地上行走，海象、海豹之類的龐然大物，上岸以後就成了沉重的肉坨，每移動一步都要付出巨大的努力。在水中練習直立然後上岸行走，雖然可以想像，但全無事實依據，特別是沒有化石參考。

還有很多被批倒的證據，比如水猿理論還認爲，鼻孔向下也是適應水下生活的性狀，那樣就不會被灌進海水。這個是當然，要是鼻孔像漏斗一樣底兒朝天，確實容易灌水，但那主要是爲了防止灌雨水而不是灌海水，世界上沒有哪種動物的鼻孔是朝上長的，不能因此證明那全是爲了防止灌進海水。人類眞要適應水下生活，鼻孔就應該像海豚那樣可以自行關閉，事實上沒有哪個人能自如地關閉自己的鼻孔，我們一刻也離不開空氣。

另外一個爭論來自呼吸。水猿理論認爲，人類有自主控制呼吸的能力，即有意識地深吸氣和憋氣，似乎是爲了滿足潛水的需要，與此相對應的是，其他靈長類動物都沒有控制呼吸的能力——或者牠們有這個能力，但沒有被注意到。

然而，動物學家毫不客氣地指出，人類對呼吸的控制只是出於奔跑的需要，長途追擊獵物時必須控制呼吸，否則就會出現供氧不足，這一能力完全與潛水無關，只不過偶爾用於潛水而已。就像你的手指可以用來挖鼻孔，有時也可以用來摳腳丫一樣。

那爲什麼其他靈長類動物沒有呼吸控制能力呢？原因也很簡單，牠們很少長距離奔跑，在密集的叢林中並不需要長途奔跑能力，否則將很快撞死在樹幹上。黑猩猩整天都在慢呑呑地吃樹葉，就算要對猴子發起攻擊，速度也不會太快，而且時間不長，大多在短時間內結束戰鬥，根本沒有必要控制呼吸，正常的通氣就足以保證氧氣供應。

另外還有一個強力的反證，鳥類也有控制呼吸的能力，牠們在空中長途飛行時，對氧氣的需求變化很大，因而控制呼吸顯得非常重要，但並不能據此就認爲鳥類也有水下生活的經歷，儘管有的鳥兒確實會下水，就像有的人確實會游泳一樣。

水猿理論還相信，人類手指之間有著類似蹼的痕跡，那也是對水下生活適應的表現。可是遺傳學家對此不屑一顧，他們認爲那只是一種遺傳缺陷，猩猩的手爪上也有這種現象。

還有一個事實被水猿理論視爲鐵證，就是人體需要碘以及某些必需脂肪酸，而這些養分在陸地上很難獲得，但在魚類和貝類體內卻很豐富，似乎證明人類曾長期食用這些食物。可惜這次是地理學家告訴他們錯了，含有人體必需脂肪酸的大多是深海魚類，生活區域與早期人類棲息地相距極遠，完全不存在長期食用的問題。深海魚類也不是普通人能捕捉得到的，人類沒法下潛到那種深度。

說到現在，水猿理論基本上一無是處，因爲那根本就是錯誤的理論，雖然還有很多似是而非的證據，但已沒有一一列舉的必要。所有證據都受到了針鋒相對的反駁，但所有這些都沒能讓這一奇怪的理論徹底消失。還記得那個露西嗎？她後來成了水猿理論的救命稻草。根據挖掘結果來看，露西似乎是被淹死的，她的骨骸躺在蟹螯中間，與鱷魚和龜卵混雜在一起，沒有被猛獸咬傷的痕跡。這似乎符合水猿理論的預測。

不過，仍然沒有多少學者把這一證據當回事兒，不同地層的化石有可能被沖積在一起，某種巧合並不能解釋爲必然現象。水猿理論要想進一步得到認可，就必須尋找更有力的證據，而不能總是模棱兩可，或者一捅就破，以至於千瘡百孔、四處漏風，一切都是猜測與想像，最終只能以美人魚的傳說聊以自慰。更不要說它根本無法解釋人體的其他性狀，比如爲何保留一小撮陰毛，那用在水下生活有什麼意義呢？

水猿理論也不是沒有優點，它雖然不符合科學邏輯，卻很容易理解，也符合人們的日常觀察，所以現在仍有很多人對這個理論感興趣。最近，一位法國醫學家拓展了這一理論，他嚴肅地提出，人類不但有過一段水下生活時期，而且祖先就是海豚！可惜的是，他提出的都是早就被推翻的依據，只是他不知道而已，他甚至把人類喜歡吃魚也當作證據之一，豈不知人類本就是雜食動物，何止是魚，任何動物落入我們的法眼，只要味道不錯，一律在劫難逃。

似乎到此為止，所有關於人類體毛脫落的簡單或複雜的理論都不太靠譜。難道我們的皮膚會成為生物學研究的重大謎團嗎？當然不是。事實上，科學家已經有了一套邏輯極為清晰的漂亮解釋，只是與廣為人知的水猿理論相比，這一理論很少有人知曉罷了。雖然也有反對的聲音，但這一理論仍然成為當前最為主流的體毛理論。

瘋狂的捕獵馬拉松

很多人不喜歡觀看馬拉松比賽，漫長的賽程使所有運動員都汗流浹背、精疲力竭，衝刺時根本難以享受勝利的喜悅。在這個世界上，沒有哪種動物會像人類這樣「傻乎乎」地舉行如此這般的比賽。

如果用心觀察，還會有更加令人驚奇的發現：自然界不但沒有這樣的比賽，甚至沒有哪種動物能經得起如此不間斷的長途奔跑，即便是最擅長長跑的賽馬，都有可能跑死在這種高強度賽事的賽場上，死亡的原因不是拿不到冠軍而心灰意冷，而是長途奔跑產生的過度熱量散發不掉，大腦受熱崩潰，內臟功能陷於紊亂，導致緊迫反應而死亡。

馬已經算是動物界的長跑高手了，中國人喜歡用「馬上」表示快速，是因爲騎馬確實很快，古人常常騎著馬而不是騎著豬去戰鬥。相比之下，其他動物的長跑能力簡直不值一提。鄉下的小孩可能有過追雞的經歷，那還是有翅膀的動物，但只要熊孩子撒開雙腿一陣猛追，無論多麼驕傲的公雞，都很快氣喘吁吁倒地不起，只有引頸待刀的份。以快跑著稱的獵豹，衝刺距離一般不超過一百公尺；獅子更是連一百公尺都懶得跑，每次衝刺後都會大口喘氣，劇烈收縮腹部以儘快散發霎時衝動產生的巨大熱量；而以耐力著稱的狼則另當別論。狼跑步的方式很獨特，主要以小碎步追擊獵物，這種方式消耗能量極低，產生的熱量也不多。事實上，狼正是利用了其他動物不能長距離奔跑的缺點。如果大家都能跑，所有狼都會被活活餓死在草原上，沒有誰會在乎牠不急不慢的追殺，而且，眞正的長距離追殺都發生在北方寒冷的草原，積聚的熱量將迅速消散在凜冽的北風中。

玩不起長時間長距離的奔跑，是野生動物的一大通病。這一通病的根源不是沒有持續能源，很多動物因奔跑而死亡的時候，身上仍然存留著大量脂肪，被追殺的豬端上桌時仍然很肥。在保存與散失熱量方面，所有動物都面臨兩難選擇：脂肪一方面是重要的熱量來源，另一方面，燃燒脂肪時產生的多餘熱量又必須及時散發掉，如何正確處理熱量產生和散發之間的平衡，將是生死攸關的事情，任何極端的做法都會面臨死亡的威脅。而漂亮的皮毛和厚厚的脂肪是阻止熱量散失的重要屏障，最典型的例子是北極熊，牠們在雪地上永遠在慢騰騰地行走，因爲牠們的皮下脂肪太厚，毛髮保溫性能太好，稍稍加大運動量就會「中暑」，甚至直接倒斃在冰天雪地之中——你能想像北極熊會被熱死嗎？那都是皮下脂肪和皮毛惹的禍。

然而，沒有脂肪也不行。羚羊的運動能力曾被認爲是個奇蹟，牠們強大的心臟和肺部可以爲機體提供充足的氧氣，有能力展開長距離的快速奔跑，牠們之所以不會在奔跑中熱昏過去，是因爲身上幾乎不保存脂肪，因而沒有任何額外負擔，也沒有阻止熱量散發的隔熱層。可一旦食物短缺，牠們就很容易被餓死。其他動物根本不敢發展這種強大的奔跑能力，那等於把自己一直懸掛在死亡的邊緣。

凡是迫不得已需要長距離奔跑的動物，首先要處理好散熱問題，隨便亂跑是會送命的。不同的動物有不同的散熱方法，狗主要靠伸出舌頭大口喘氣；貓的舌頭不長，所以多在晚間涼爽時活動，或者與主人一起待在溫度適宜的空調房間裡。更重要的是，這些動物必須學會控制運動的激烈程度，除非遇到生命危險，一般不會狂奔不已。爲了追逐水草而長距離遷徙的牛羚也經常休息，一是爲了吃草補充能量，二是爲了更好地散熱。

沒有哪種動物能擺脫熱量的束縛。人類，當然也同樣如此。

生物學家正在重新評估人體的能力，我們的長跑能力在自然界中獨佔鰲頭——人類的腿很長，雙腿邁開的步伐很大，跨度遠遠超過其他靈長類動物。又寬又硬的膝關節和強壯的肌腱，讓其他猿類都望塵莫及，這些「設備」沒別的用處，就是爲了跑步。此外，人類還有一個異常肥大的屁股，那不只是爲了坐著舒服——黑猩猩也經常坐著，但屁股卻並不肥大。又肥又大的屁股看似累贅，其實是重要的輔助工具，它厚重而結實的肌肉可以反覆拉動大腿前進，同時還是有效的重心平衡工具——防止身體前傾，不至於在奔跑途中一頭栽倒在獵物的屁股下。

古人早就對自己的長跑能力有模糊的認識。小說《水滸傳》中的神行太保江州戴宗雙腿綁上四個甲馬，作起法來日行八百里，爲救宋江披星戴月，一日夜跨山過河奔上梁山，時速超過了馬拉松世界最好成績。這個故事雖然有小說家吹牛的成分，但至少說明有些人確實很能跑。非洲的長跑冠軍也一再向我們證明，人類的長途奔跑能力是自然界的一大奇蹟。

可是，爲什麼我們需要如此特殊的長跑能力呢？

可以理解，在生存競爭異常激烈的稀樹大草原上，沒有哪種動物會主動把自己送到人類的嘴邊。遠古時期的人們還不懂種植農作物，也不會馴養家畜，爲了養活自己，他們別無選擇，在採集野果之外，所能做的只有一件事情——長途追殺。

對於食草動物而言，早期人類的長途追殺非常可怕，他們不偷襲、不隱蔽，也不設陷阱——當時還不具備這種智慧，更不會使用什麼像樣的武器，刀槍棍棒都是後來的發明。他們只有一招——持續追趕，一招致命。現在非洲古老的桑人仍在採用這種原始的捕獵技術，美洲印第安人和澳洲土著也深諳其道。方法並不複雜，就是死追。他們會盯著一頭鹿連續追趕一天一夜，有時可能會帶上點乾糧，一旦盯上就窮追不捨，中途不換人、不喝水、不休息，直到把獵物追得口吐白沫倒地不起爲止。獵物在持續不斷的追擊之下，沒時間吃草，無法喝水，得不到片刻休息，情緒一直處於驚恐之中，而越是驚恐則消耗能量越大。除了成爲一頓美餐，已別無選擇，牠們至死也沒明白，自己爲什麼跑不過兩條腿的人類，四條腿不是應該比兩條腿跑得快一倍嗎？

人類通過追趕獲取獵物，這種觀點已經得到證實——早期人類的關節化石磨損情況暗示，他們確實在奔跑。更有說服力的是，在人類化石遺骸附近，同時發現了很多其他動物的化石，這表示人類已開始集中屠宰獵物。此後，人類的腦容量迅速增大，很可能得益於肉食營養的增加。這些肉食主要來自於狩獵，也有可能來自食肉動物吃剩的殘羹冷炙，但是搶奪剩飯的競爭者實在太多，人類在這方面根本不具備優勢。他們首先必須趕走獅子，然後還要對付成群的鬣狗，此外還有天上盤旋的禿鷲，這些傢伙要麼以暴力取勝，要麼以數量欺人，或者乾脆死纏爛打，又偷又搶，不依不饒，沒有一個等閒之輩。與其和牠們爭一點碎骨殘屑，還不如自己追殺獵物更加安全有效。

現在該回到正題了：人類的長跑能力和皮膚裸露又有什麼關係？難道只爲裸奔時心情舒暢、跑得更快嗎？

▲對於食草動物而言，早期人類的長途追殺非常可怕，他們不偷襲、不隱蔽，也不設陷阱，只有一招——就是死追。他們會盯著一頭鹿連續追趕一天一夜，直到把它追得口吐白沫、倒地不起。

裸奔雖然不一定能讓心情變得更好，卻能讓奔跑的時間更長。長跑過程必然產生過多熱量，非洲的陽光又那麼強勁毒辣，早期人類面臨著身體過熱甚至致死的危險，他們必須裝備精良的散熱設施，那就是脫去了毛髮的裸露皮膚。

人類脫毛是爲了在追捕獵物時有效散熱，這就是「散熱理論」，因爲散熱的目的是爲了狩獵，又稱「狩獵假說」。

這一理論絕非空穴來風，現代人類的皮膚可以提供充足的證據，從皮膚結構可以看出，我們確實與眾不同：哺乳動物大多具有三種出汗途徑，即大汗腺、小汗腺和皮脂腺。大汗腺和皮脂腺都與毛囊相通，出汗時含油量大，會把毛髮塗抹得油光錚亮，出汗太多時，油脂太重，甚至會把毛髮黏在一起，爲此，人類不得不發明洗髮水來解決這一煩惱。我們說某人富得流油時，有時並不是誇張，而是一種眞實的生物現象，皮下脂肪過多的人確實可能冒出更多的油脂，而油脂的散熱效果當然不好。

散熱效果最好的是小汗腺，這些細細的管道密集分佈在皮膚之下，直接開口向外，主要分泌鹽與水分，同時帶走大量熱能。人類小汗腺的數量遠比其他哺乳動物多，極端情況下，一個人一天分泌的汗液可以足足裝滿二十多個礦泉水瓶。也就是說，人類的流汗能力是動物界中最強的，換言之，散熱能力也相應最強。我們從來沒有看到一條狗拿著毛巾擦汗，因爲牠們的皮膚從不出汗。可以這樣認爲，其他動物皮膚的主要任務是保暖，而人類皮膚的主要任務是散熱。這是兩種相反的功能，魚與熊掌不可兼得，人類在強化散熱的同時必然降低了保溫能力，因此需要一層厚厚的皮下脂肪，必要的時候還會披上一件其他動物的毛皮。

或許有人會反問：既然人類可以脫去毛髮提高散熱能力，在同樣環境下狩獵的其他動物，比如獅子、獵豹，牠們爲什麼不脫去毛髮？

獅子不脫去毛髮，是因爲不需要長途追殺，所以不需要太強的散熱能力。之所以不需要長途追殺，源自牠們的短途追殺效率極高，已經足以謀生，其他時間大可待著不動。很多食肉動物都非常懶惰，有時簡直到了「令人髮指」的地步。雄獅可以趴在樹蔭下，半天時間內連頭都不轉動一下，只是耳朵偶爾抖動表示牠還活著，實在餓到不行需要捕獵時，也要等到太陽下山以後，那時光線暗淡易於伏擊，氣溫也降了下來，略作行動也不至於中暑，並且眞正投入戰鬥的往往是體型較小的雌獅——牠們除了行動敏捷，散熱能力也強於雄獅。

那些迫不得已需要在陽光下活動的食草動物，比如羚羊，除了脂肪少，還有一套獨特的設備來爲大腦降溫，就是長長的頸動脈，那些密集的血管緊挨著鼻腔，如同汽車散熱器，可以有效帶走大腦產生的熱量，從而迅速冷卻大腦。牠們就算不裸露皮膚，日子也能過得去。而人類和其他靈長類動物都缺乏這種有效的散熱裝備。

有人可能會繼續追問：既然獅子、獵豹可以在清晨或者黃昏天氣涼爽的時候捕獵，爲什麼人類非要在白天頂著大太陽開工呢？如果錯過太陽最熱的時候出動，不就沒有必要脫毛了嗎？畢竟那件毛衣非常實用，否則到了晚上氣溫降低，裸體的人類就不得不面對寒冷的威脅。

事實上，現在還無法判斷人類當時到底是不是在大白天活動，從化石中無法得出作息時間表，但可以推測相關的可能性。在如今的非洲大地上，只有兩種動物頂著熱辣的太陽在大白天捕獵，一種是非洲獵犬，另一種就是人。

爲什麼人類不像獅子那樣選擇在早晚天涼的時候出動捕獵呢？難道白天伏在樹蔭下休息不好嗎？把這個問題換成簡短的句子表達就是：爲什麼人類不玩短程追殺那套？答案很簡單，有些事情人類不去做，不是不願意，而是不能夠。

短程追殺這種粗暴劇烈的體力活動不是人類的強項。在非洲大草原上，早已雲集著眾多短程追殺高手——獅子、獵豹、鬣狗、狒狒等，個個身懷絕技，都是這一領域的頂級專家。牠們尖銳的牙齒有著令人生畏的撕咬能力，鋒利的前爪可以緊緊鉤住獵物的身體，起落之間，生死已判。特別是獅子，成敗只憑一擊之功，一擊失手，則當即甘休，根本無意遠追——牠深知跑不過那些行動輕靈的食草動物。

無疑，和這些「殺手」爭奪獵物並非明智的選擇，所以人類放棄了短途獵殺，主動錯開了傍晚的捕獵高峰，而只在大白天動手，實行有效的長途追殺。換一個角度看也有道理，既然是長途追殺，就必須在大白天進行，傍晚時光短暫，有可能追著追著天就黑了，根本沒有足夠多的時間追到獵物。萬一追出去太遠，恐怕連回家的路都摸不著，那時他們可沒有手電筒。

狩獵假說是如此簡潔優美，不像水猿理論那樣——又要下水又要上岸，瞎折騰一氣還沒什麼邏輯。科學界有個不成文的觀點，越是簡潔的理論，就越有可能正確。愛因斯坦在欣賞自己的質能等價公式時，曾經不無驕傲地讚嘆說：這個方程肯定是正確的，因爲它是如此簡潔優雅。

簡潔並不是狩獵假說的唯一優勢，它除了能自圓其說，還可以與人類的直立行走、腦容量的增大及膚色變化等現象互相印證，因而得到主流學術界的廣泛認可。

按理說，關於人類體毛脫落的爭論到此也應該結束了，但意外的批評卻從最不起眼的角落響了起來。激烈的反擊來自水猿理論的支持者，他們一直被別人反駁，這次終於等到了反駁別人的機會，他們非常清醒地指出：散熱理論的研究對象只是男人——女人不必長途奔跑打獵，爲什麼也脫去了非常有用的滿身毛髮呢？但現實情況是，在世界各地，所有女人的汗毛數量都遠遠少於男人。

散熱理論的支持者當然考慮過這個問題，他們打擊過水猿理論，卻不願被水猿理論支持者打擊，他們回應說：首先，女人不一定就不打獵；其次，就算女人眞的不出去打獵，成功脫毛的男人也會把脫毛基因隨機傳給下一代，脫毛並不是伴性遺傳，後代無論男女都有脫毛的可能。長此以往，脫毛就會成爲流行事件，因爲在長途追殺獵物方面佔有絕對優勢，很快淘汰了沒有脫毛的個體。當大多數男人開始脫毛時，性選擇就會形成巨大的壓力——對女性的選擇壓力，沒有脫毛的女性就會被淘汰。至於女人爲什麼比男人脫毛脫得更徹底，我們將在後面的章節再進行詳細討論，那是另一個複雜的問題，並且可能確實和上床有一定的關係。

那幾撮被遺留下來的毛髮

人體從上往下依次保留的毛髮有頭髮、眉毛、鬍子、腋毛和陰毛。但問題又來了：女人為什麼沒有鬍子？

這些殘留的毛髮看起來並不起眼，而且稍顯零碎，但事實上，它們各自都有存在的理由，不是可有可無的東西。先從最顯著的頭髮說起。

很多農夫都有後背被太陽曬出大片水泡的經歷，勤勞勇敢的人們在田間勞作時往往會忘記遮陽，其實薄薄的一層衣物就足以擋住大部分紫外線。阿拉伯人做出了示範，他們在酷熱的沙漠中穿著肥大的白色長袍，長袍質地厚薄適中，空氣在長袍下可以自由流動，既能有效抵擋暴曬，又能迅速帶走汗水，從而免受陽光的傷害。

問題是早期人類沒有寬大的長袍，也沒有遮陽傘，可他們卻脫去了濃密的體毛，非洲的陽光又遠比亞洲強烈，在太陽下奔跑時到底該用什麼來對付毒辣的紫外線呢？

答案就是頭髮，一頭蓬鬆捲曲的黑髮就是一把天然的隨身小陽傘，而且不需要用手撐著。

人類的頭髮是所有哺乳動物中最為古怪的，在沒有理髮師的時代會不斷長長，蓄一頭蓬鬆的長髮在當時並不是為了帥氣，而是為了保護最重要的器官——大腦。濃密而捲曲的長髮把陽光的傷害降到了最低，並且因爲人的身體與陽光平行，高高在上的頭髮不僅保護了大腦，還順便罩住了身體，使百分之七十以上的皮膚免受紫外線照射。

這解釋了其他動物爲什麼沒有長髮，牠們四肢著地，身體與陽光垂直，徹底暴露在陽光之下，就算有頭髮，作用也很有限，牠們的最佳防曬方案是在陰涼處待著，而不是冒險在陽光下狂奔。另一方面，如果像貓、狗這樣的四蹄動物都長髮披肩，可想而知情況會有多糟，牠們會時常踩到自己下垂的秀髮而寸步難行。在人工培養的環境下，寵物狗就會出現頭髮過長的情況，主人不得不定期爲牠們理髮。

現代社會還有一個典型現象，女人大多留著飄逸的長髮，而男人則傾向於把頭髮剪短，這在世界各地都呈現出驚人的一致性，其中又隱藏著什麼科學邏輯呢？

進化論學者起初沒有把女人的長髮當回事，但當他們認眞思考這個問題時，卻很難找到滿意的答案。遠古時期沒有理髮的概念，男人和女人應該留著同樣的長髮，中國男人直到清朝才開始剃頭，民國以後才流行短髮，而女人的長髮卻一直留著，這種現象背後必然有著某種重要因素在起作用。雖然有人說長髮方便嬰兒抓住母親，不容易在行走中被無意丟棄，但大街上沒幾個嬰兒是靠抓住頭髮和母親保持聯繫的，那是黑猩猩幼崽幹的事情，人類嬰兒的行爲能力遠在黑猩猩之下，他們只能依靠母親抱著。

僅從行爲角度考慮，可能是男人剃去長髮更爲方便省事，而女人選擇留下長髮，不是她們不怕麻煩，而是需要用長髮與男人區分開來——男女是兩種不同的性別，必須在某些方面有所區別，否則就有被認錯的危險。頭髮當然是非常明顯的區別符號。當剪刀出現時，男女都面臨著頭髮去留的抉擇，到底是男人把頭髮剃短，還是女人把頭髮留長呢？結果男人勝利了，女人留長髮可能是博弈失敗的結果。

然而，這種觀點有太多思辨的成分，而很少能找出進化依據。我們可能會更喜歡下面的說法，即長髮可以做出各種髮型，多變的髮型又可以給男人留下不同的印象，似乎面對的是不同的女人，這正符合了男人的微妙心理。爲了製造更加複雜的多變性，女人還會把頭髮染成各種顏色，甚至戴上假髮，她們似乎致力於不停地把自己從一個女人變成另一個女人，並以此讓男人神魂顛倒。

女人留長髮還有另一個好處，可以把臉襯托得更小，膚色顯得更白，看起來也更年輕。把長長的頭髮用心梳理保養好也是勤勞的象徵，同時也是營養充足、身體健康的標誌。男人喜歡女人一頭烏黑的長髮，其實是喜歡她們健康的身體。從這種意義上說，滿頭秀髮也是一種重要的性信號。濃密的頭髮足以向異性表明，自己正處在宜於生殖的青春期。

進化論中所謂的性信號，並不是使眼色想要上床的意思，而是向異性提供的一種特別暗示，表明自己身體健康、營養充足，可以生下很多健康的後代。暗示的方法多種多樣，導致性信號的內容也是花樣繁多，我們的身體幾乎全副武裝掛滿了性信號，只是平時沒有注意罷了。

頭髮之下就是眉毛，以光潔的額頭爲背景，兩道眉毛特別明顯，雖然占地面積不大，功能卻不可小視，除了可以擋住雨水、汗水對眼睛的過度侵蝕，還可以減輕陽光的灼射。獵豹的眼睛下面有一條黑色淚線，棒球選手在陽光下比賽時，也會在眼睛下面畫出一條黑線。二者原理相同，都可以吸收眼睛附近過多的紫外線，從而有效減輕強光對眼睛的刺激。

除了功能性作用，眉毛也是傳遞情感信號的重要裝置：人們都懂得濃眉倒豎或者緊鎖雙眉的含義，如果與眼白配合使用，則可以表達更加豐富的資訊。人類是唯一擁有眼白的靈長類動物，黑猩猩沒有眼白，所以總給人老謀深算之感。當你面對黑猩猩時，很難判斷牠是否在看著你，事實上，這種詭異的眼神可以讓偷襲者放棄攻擊，因爲不曉得自己的行蹤是否早已被眼前的「高人」看破。

眼白還可以非常清楚地襯托出眼珠的轉動方向，那樣才可以做出所謂靈動的眼神。很多人都知道翻白眼意味著什麼。但是，淩厲的眼神要是沒有眉毛的配合，做出的表情就會有些莫名其妙。眉毛在表達冷漠、鄙視、憤怒或者欣喜時都不可或缺。

除了表達感情，眉毛還有裝飾作用。配備兩道劍眉的男人可以迷倒爲數不少的女性，賊眉鼠眼的男人則明顯吃虧。同樣的道理，女人願意花費大量時間來修飾眉毛，畫眉、文眉等措施不計其數，就是想爭取更多的關注。

眉毛還可以顯示人的個性，大多數男性喜歡眉毛高挑的女性，這或許是女性遇上心儀的男士時會不經意地揚眉淺笑，傳遞出有興趣交往的資訊，因此，眉線高揚易使對方心中暗喜。這樣的女性往往較有親和性。而長長的眉毛則可以把臉型襯托得更小，也更討男人喜歡，所以不少女性有描長眉的習慣。中國古代的隋煬帝就喜歡這種妝容。宮女爲了討好皇帝，都有畫長眉的習慣。有個低級宮女只因長眉畫得好而連升三級，從普通宮女直接封爲婕妤。從這種意義上說，眉毛也算是小小的性信號。

眉毛之下，最引人注意的大概就是腋毛了。直立行走爲人體製造了很多副產品，比如腋窩，那本是一個物理現象，如果不是直立行走，雙臂就不會自然下垂，也就不會形成如此渾然天成的腋窩。其他動物四足行走，從來不考慮腋窩的事情，而人類的腋窩已被開發成激素集散基地，因此需要一定的毛髮覆蓋，那就是腋毛。

腋毛的生物學功能與性成熟有關，比如可以有效延長性激素的揮發時間，從而吸引到更多的異性。試想，在遼闊的非洲大草原上，長期不洗澡的雄性古猿身上散發著濃烈的勾魂氣息，足以令方圓幾公里以內的雌性古猿爲之神魂顛倒、意亂情迷。那時候，語言和文字還不成氣候，情詩與情歌還派不上用場，更沒有鮮花和蛋糕表達浪漫的愛意，請問，還有比這種四處散發天然勾魂氣息更有效的求愛手段嗎？那無法抗拒的氣味，主要就是從腋下散發出來的。萬一某個成年古猿不幸沒有腋毛，所有氣息在分泌後都煙消雲散、隨風而去，更不幸的事情就會隨之發生——在空曠的大草原上，他將長期無人問津。沒有人知道某處偏僻的角落還有一個多愁善感的傢伙正在爲情所困。他將因此而孤獨終生，那可憐的局部無毛的基因也將因此而無人繼承。

腋毛還能促進擁抱行爲。直立行走使得男女互相靠近時鼻子同時迅速靠近對方的腋窩，這是直立行走帶來的意外結果。許多動物彼此靠近時只會去聞對方的屁股，那裡靠近陰部，是激素的集散地，從中可以獲取很多有效的發情資訊。可是人類由於直立行走，這樣做既不方便又不文明，取代的手法是擁抱。擁抱時男女同時張開雙臂，腋下的氣味得以盡情散發，抱得越緊，離對方的鼻子就越近，正好方便檢驗對方腋下的氣味。女性腋下的氣味腺比男性更多且複雜，代表的意義也明顯不同。我們常說臭男人，但很少說臭女人，表明她們腋下確實散發出了不同的氣味，那些激素混合物具有促進對方發情的功能。爲了避免不必要的麻煩，腋下腺在青春期之前不會投入使用，直到性成熟之後才會悄然開啓。與此同時，腋毛也開始生長。所以，腋毛必定對留住腋下氣味意義更大，而不是爲了減少奔跑時兩臂擺動的摩擦。

現代女性傾向於剃光腋毛，其中包含的意思之一就是，她們不想保留太多的性激素信號。剃光腋毛被文明社會看作是有修養的表現。到處散發性信號容易引發不必要的競爭和騷亂，在文明社會一直受到各種形式的壓制。農業社會也不需要這種強烈的性信號。群居生活決定了隨意散發性信號會令很多人不安，所有的性信號都被控制在了適合的範圍內，因此農業社會的女性腋窩散發性信號的功能被大大削弱。以中國爲代表的亞洲人很少有腋下腺，一百個中國人只有兩三個人有腋下腺，如長期不加清洗甚至會被他人誤認爲狐臭；而歐洲人和非洲人幾乎都有腋下腺，他們進入農業生產的時間相對較晚，還來不及清除腋下腺的氣味。

陰毛是另一叢奇怪的毛髮，和腋毛有個共同的特點，都在性成熟之後才生長，說明這兩處毛髮與頭髮的作用明顯不同。有人非常關心陰毛的具體功能，認爲陰毛可以起到保護作用，比如防止風沙或小蟲吹進生殖器，但卻不能解釋爲什麼性成熟之前就不需要保護，而且這種有限的保護只對女人有用。男人的生殖器時常掛在陰毛之外，要想得到有效保護，得長出一大叢蓬鬆的陰毛才行。另一些人相信，陰毛在激烈的性交中可以起到一定的緩衝作用，避免生殖器在交配時受到過度撞擊。這當然有誇張的嫌疑。現代人有剃掉陰毛的習慣，但醫院很少因此接到生殖器撞傷的病例。還有人認爲陰毛可以保溫，防止精子和卵子被凍傷。這更是無稽之談。陰毛下面並不是貯存配子的場所，至於普通的保暖作用，那點毛髮能有多暖和？

事實上，濃密的陰毛既然在性成熟時才出現，就肯定是重要的性信號，而且這種信號只對直立行走的人類才有意義。人類的陰毛可以使陰部更加顯眼，並保持激素的持續揮發，傳播特殊氣味，發出性成熟信號，是個體發育成熟與否的重要標誌，也是可以性交的指南針。

還有人認爲陰毛是一種性裝飾物，就像孔雀的尾巴，可以用來吸引異性。就人類的審美而言，陰毛似乎完全不能和孔雀的尾巴相提並論。假如陰毛眞的在性選擇中起到了重要作用，就應該旺盛地長滿一大片，甚至有失控的傾向，形成一片黑乎乎的毛簾，像草裙一樣掛在腰間。但事實上，大多數人身上的陰毛都長得很拘謹，並沒有四處蔓延的趨勢，當然很難起到炫耀作用。

頭髮、眉毛、腋毛和陰毛等各種零碎毛髮的共同之處是男女都有，但鬍子則不然，那是男人特有的裝備。同樣的理論可以解釋陰毛，但很難解釋鬍子。可以看出，鬍子問題要比陰毛問題困難一倍，那事實上是兩個問題——不但要回答男人爲什麼長鬍子，還要回答女人爲什麼不長鬍子。

鬍子的廣告效果

生物學家曾為鬍子傷透了腦筋，幾百年來，他們不斷被別人追問，自己也暗中反覆撚須沉吟：男女之間，為什麼在這一片毛髮上出現如此明顯的差異？

平心而論，現在確實很難精確指出鬍子有什麼實際用途。如今男人都流行剃光鬍子，除了有些超級糊塗蟲刮鬍子時不小心割破了喉管，男人的生命並沒有受到任何威脅，不長鬍子的男人也沒有感到明顯的不方便。更何況，幾乎所有女人都沒有鬍子，她們的生活照樣充滿陽光，男人為什麼偏要滿臉長著可以被刮掉的東西呢？

鬍子在減少太陽輻射方面可能有一些作用。有研究表明，鬍子在夏季的生長速度比冬季平均快一倍以上，但那也有可能是天氣炎熱代謝加快的結果，食物豐富的夏天也更容易為鬍子提供充足的營養。否則不好解釋女人為什麼沒有鬍子，其實女人應該更怕太陽曬才對。

比較能拿得出手的觀點是，正因為鬍子沒有實際用途，看起來像是巨大的累贅，所以男人才長出滿臉的鬍子。他們似乎在用這種特殊的形式向女人炫耀：雖然鬍子沒有任何用處，但我仍然長了一臉，我負擔得起這種累贅。這就是所謂的「累贅原理」。

累贅原理是進化生物學的重要理論，它曾經成功解釋了孔雀華麗的尾巴，那麼豪華的大尾巴明顯是沉重的負擔，說白了就是個累贅，除了好看以外沒有任何實際用處，相反還容易惹火燒身，成爲捕獵者的目標，但雄孔雀卻敢於拖著這個累贅趾高氣揚地來回炫耀，說明牠有能力背負巨大的累贅，足以證明自己身體強壯，謹供雌性參考。這樣的傻蛋也確實容易博取雌性的芳心。自然界從來不乏累贅原理的例子，比如麋鹿頭頂如同樹杈一般的大角，以及男人臉上誇張奔放的鬍子。

其實，鬍子並不完全是簡單的累贅，它還是一種有效的廣告，廣告的內容爲：有鬍子的男人雄性激素水準相對正常，而雄性激素水準正常的男人肌肉相對也比較發達，這樣正常的男人在野外可以獲得更多的獵物。

在靠肌肉打拼天下的年代，體力是衡量人生是否出彩的重要指標。有理由相信，作爲重要標誌的鬍子當然受到了男人的重視，男人重視鬍子就是重視廣告。他表面的意思雖然是你看我的鬍子多漂亮；深層的含義卻是，你看我的體格多強壯；更深層的含義是，你看我的雄性激素水準有多高；而終極的含義則是，你看我的基因有多好，和我在一起肯定會生下強壯的孩子。

女人無法直接檢測男人的基因是否眞的優秀，也不方便直接檢測男人的雄性激素水準和體格強壯程度。但又必須有一個衡量標準來評估男人，在眾多標準中，最簡易可行的辦法還是看鬍子。

鬍子有時會被進一步引申爲力量的象徵，而力量是雄性競爭的決定因素，大打出手會造成流血事件，只看一眼就能決出勝負是最好不過的事情，兵不血刃解決爭端是動物界的通行原則，沒事就打得死去活來只是特殊情況。但如何才能不戰而屈人之兵，則需要愼重考慮。雙方都必須拿出可靠的力量指標，鬍子正好可以起到標誌作用，它的好處是眞實可見，全被清清楚楚地掛在臉上，像是高高樹立

▲他表面的意思是，你看我的鬍子多漂亮；深層含義是，你看我的體格多強壯；更深層含義是，你看我的雄性激素水準有多高；而終極含義則是，你看我的基因有多好，和我在一起肯定會生下強壯的孩子。

的看板。從這種意義上說，人類的鬍子與獅子的鬃毛作用相似，都可以起到威嚇對手的作用。在動物界，這種靠威嚇就可以解決的戰爭，叫作儀式性爭鬥。

鬍子不是具體的武器，對手不會被鬍子勒死。決定勝負的是鬍子產生的立竿見影的廣告效果。決戰雙方都必須懂得這樣一個不言自明的道理：能長出那樣一把大鬍子的男人，體格也必然強壯。

旺盛的鬍鬚不只是力量的象徵，而且是年輕的標誌。白鬍子老爺爺很難掩飾自己的老態，他們的身體早已如同江河落日虛弱不堪了。鬍子顏色的轉變，其實等於發出了不同的聲明，一變而成爲知識與權威的象徵，那其實是廣告內容的悄然更新。白鬍子的主人走過了漫長的艱難歲月，經歷了生活的風風雨雨，積累的人生經驗要比年輕人更多且有用，他們完全有資格指導別人應該做什麼、不應該做什麼，所謂「不聽老人言，吃虧在眼前」，正因爲如此，花白的鬍子能建立起強大的權威感，更容易讓年輕人折服。

正因爲鬍子如此重要，古人對鬍子非常重視，他們會花很多時間和精力去擺弄它，梳理、染色、上光、加上套子，設法弄成各種捲曲形狀，搞出各種造型，花樣繁多，各成習俗。埃及法老在出席重大活動時都要戴上假鬍子，後來連女法老也要戴假鬍子。中國古代戲劇中的英雄多是大鬍子，比如關羽、張飛、包拯等，無不以個性極強的大鬍子形象示人。與此相對應，丑角的鬍子往往短小而猥瑣，其實都是不同的廣告形式。宋朝的仁宗皇帝就曾專門給外國使節展示本朝官員的鬍子，他認爲那樣可以顯示出大國氣象。

由此出現了一個新的問題：既然鬍子如此重要，男人爲什麼又要剃掉鬍子，甚至完全剃光呢？或者說，他們爲什麼要砸掉自己的看板？

當然沒有人願意自砸招牌。事實的眞相是，他們是爲了樹起一塊新的看板。

刮鬍子起初可能是出於戰爭的需要。肉搏戰時期，胸前的一把大鬍子如果不能順利嚇倒敵人，反而容易被對方抓住。後來，刮鬍子才演變爲男人的自覺行動。他們突然發現時代變了，文明的發展意味著肌肉男時代已經結束，新式武器更是給了熱中於拳腳功夫的男人當頭一棒，人類對知識與藝術的重視，第一次超過了對體力的重視。這時，繼續打出那種老式廣告明顯不合時宜，於是男人開始考慮新的廣告形式，剃掉鬍子是第一步，表明他們並不只靠肌肉打拼天下。

剃掉鬍子以後，男人有了意外發現，他們看上去更年輕，產生這種視覺效果的原因很簡單，小孩子都沒有鬍子，光潔的面部顯示了幼態持續效果。同時，剃掉鬍子的男人看上去也更整潔清爽，可以顯示某種生活修養。鬍子雖然可以給人以權威與強壯之感，但同時也會留下蒼老與邋遢的印象。

於是，刮鬍刀這一產業應運而生。

起初，人們還捨不得突然丟掉這個使用了幾百萬年的超級看板，那等於無條件放棄權威與強壯的宣言書。但是，刮鬍子帶來的好處顯而易見，新式男性根本無法抵抗。面對這種兩難局面，折衷與妥協必不可少。他們在刮鬍子和不刮鬍子之間尋找著某種平衡，平衡的手段是只刮一半。這樣，人類在刮鬍刀的幫助下，刮出了各種各樣的小鬍子——希特勒的小鬍子之所以出名，是因爲他確實出名。日本人的小鬍子也是同樣的道理，他們試圖用這種方式證明自己的強大，同時又顯得年輕充滿活力。

到了現代，刮鬍子徹底成了自由的選擇，男人多在兩種選擇之間徘徊，他們有刮的權利，也有不刮的自由。在刮與不刮之間，雖然沒有用語言表達，但確實體現了某種微妙的心態變化。當早晨起來準備去參加一個重要的約會時，他們多半會刮光鬍子；而如果當天的任務只是收拾碗筷、清洗尿布，不刮鬍子似乎也無所謂。

刮掉鬍子意外地給男人帶來了一個新的手勢。以往男人在儀式性競爭中會提醒對方注意自己的鬍子，提醒的方式就是手撚鬍鬚。自從刮了鬍子以後，男人沒有鬍鬚可撚，於是習慣性地摸起了下巴。這個新習慣表達的卻是舊意思，當某個男人對你摸著自己的下巴時，事實上是在向你示威，並試圖展現自己的尊嚴。

下巴確實是重要的展示地帶，雄性激素會刺激下巴變寬，剃去鬍子後露出的寬下巴會給人陽剛的感覺。而女人本來沒有鬍子，她們的尖下巴卻更好看，那意味著她們體內雄性激素較少，性格更加溫柔。所以，女人在自拍時都要努力打造尖下巴效果，訣竅是略低著頭，使下巴看起來更小更尖，或者用一根手指壓住下巴，使它強行變小，這樣的動作也更顯俏皮可愛。

明白了鬍子之於男人的意義，女人沒有鬍鬚的問題似乎已經不證自明了。

女人沒有鬍鬚並不是沒有長鬍子的基因，而是刺激鬍子生長的雄性激素水準不夠，給女人注射高水準的雄性激素，她們照樣可以長出鬍子。那爲什麼女人沒有足夠的雄性激素呢？因爲她們不需要直接參加戰爭，不需要體格強壯，也就沒有必要在嘴唇處掛上一張巨幅廣告。同時，沒有鬍子的女人也是幼態持續的重要表現，那會讓她們顯得更年輕，更容易迷住有鬍子的男人去爲她們戰鬥。

總體而言，人類體毛的整體脫落和局部保留都是對環境的適應，或者是男女博弈的結果。脫去體毛的人類發生了巨大的連鎖變化，裸露的皮膚散熱效果極佳，直立行走的潛能得以充分展現，長途奔跑使得捕獵效率空前提高，人類因此可以吃到更多的肉食，營養水準大爲改善，爲人體的深入進化打下了基礎。所以，人類脫去毛髮遠不只是流出更多汗水那麼簡單，那是繼直立行走之後最重要的骨牌效應。最直接的影響是，使人類展示了另一個重要體徵——沒有毛髮覆蓋的皮膚將因此而一覽無遺。

那麼，選擇什麼樣的膚色，又成了人類進化的另一重要任務。

第三章　膚色中隱藏的進化奧秘

性選擇應該也必須與自然選擇達成某種妥協，所以，人們不能放任對白色皮膚的喜愛而置自然選擇於不顧，也不能任由自然選擇留下越來越黑的皮膚而罔顧性選擇的偏好。人類應該在白色皮膚的性感與黑色皮膚的健康之間尋找平衡。

大宋仁宗嘉年間，東京大相國寺西側蠟梅街許府巷內一間小酒寮中，御前一品帶刀護衛展昭正和幾個兄弟推杯換盞。酒酣耳熱之際，展昭便說起當年任包拯貼身保鏢的英雄往事。某日得報，包大人在開封府遭遇刺客行兇，展昭隨即十萬火急趕去營救，到了衙門前飛身下馬，拔刀剛要衝進府衙，卻突然感到眼前一黑……這時，左右兄弟全都聽得目瞪口呆，個個停杯急問：怎樣？包大人出了什麼事？展昭不急不慢先吃了一碗酒，放下筷子，輕描淡寫地說：非也，我只是碰巧看到包大人出來了。

這是網路上流傳極廣的「包拯很黑」笑話中令人印象極深的橋段。開心一笑之餘，很少有人去想，爲什麼包拯的皮膚會那麼黑？

歷史上眞實的包拯到底有多黑，現在已無從考證。不過可以肯定的是，當時的大宋剛從五代十國的亂局中恢復過來，南北商貿往來頻繁，各色人等在歐亞大陸東西穿梭，中原地帶出現幾個膚色略黑的人也可以理解，包拯應該不是孤例。現在我們已經知道，不同地區呈現不同膚色是一種常態，就算相同地區的男女之間，也會呈現明顯的膚色差異。人們甚至可以通過皮膚顏色來區分不同的人種。

用顏色區別人種，最早出現在一座三千多年前埃及古墓裡的壁畫中，畫中用不同顏料標明不同地域的人：埃及人被塗成了紅色，亞洲人被塗成黃色，非洲（不包括埃及）人被塗成黑色，歐洲人被塗成白色。這給了後人某種啓示。瑞典分類學家林奈（Carolus Linnaeus）也接受了這種方法，正經八百地把各個洲的人種分別命名爲亞洲黃種人、非洲黑種人、美洲紅種人和歐洲白種人。這種命名法影響很大，幾乎人人皆知。但這種分類方法並不嚴謹，甚至根本算不上科學，並且容易引發極其敏感的種族歧視，科學界早已棄之不用。現在得到認可的方式是把人分爲四大類型，即高加索人，也就是常說的白種人；蒙古人，就是我們黃種人；另一個是尼格羅人，指的是黑種人；而澳大利亞人種則指原住民部落，又稱棕色人種。本書爲了便於討論，仍然採用膚色劃分的方法。

同爲人類，爲什麼我們的皮膚顏色卻有如此巨大的差異？在膚色背後，難道隱藏著什麼複雜的進化邏輯嗎？

起初，人們很少考慮膚色問題，原始人類無車少馬，由於遙遠路程的限制，他們除了接觸本族人以外，很難看到不同膚色的異族。當具備了長途旅行條件後，才有機會廣泛接觸其他膚色的人種，這個問題才悄然浮現。

由於黑猩猩滿身毛髮，我們很少關注其皮膚的顏色。事實上，黑猩猩剃去毛髮之後，皮膚要比黑種人白得多。既然人類是從與黑猩猩類似的遠古猿類進化而來，關於膚色的第一個問題必然是：人類的皮膚爲什麼會變成黑色？我曾親耳聽到一位中學老師認眞地談論起這個問題，他雖然不從事這方面的研究，但仍然極其自信地給出了肯定的結論：黑種人的皮膚是被曬黑的，他們那裡的太陽太毒了。

應該承認，給出「權威結論」的老師並不完全是信口開河，甚至並不完全錯誤——人的皮膚確實可以曬黑，女人的體會尤其深刻，所以遮陽傘和防曬乳才有銷路。但用這種經驗來解釋黑種人的膚色，則與正確答案相差太遠。不過方向卻是正確的，確實有些學者相信，黑種人的膚色絕對與非洲的太陽有關。

黑皮膚下的重重內幕

太陽光譜中有一部分是紫外線，中波紫外線能直接被皮膚細胞中的DNA吸收，造成DNA損傷；長波紫外線雖然不能被DNA吸收，卻能激發皮膚產生活性氧自由基，使DNA的損傷雪上加霜。這兩種損傷都可以使細胞發生突變，進而引發皮膚癌。這是一個殘酷的事實，長期日曬與皮膚癌之間的關係已被很多研究所確認，皮膚癌大多發生在暴露部位。白種人因此對太陽又愛又恨，他們塗掉的防曬乳遠多於黑種人與黃種人。他們躺在海灘上盡情享受陽光的同時，心裡卻充滿了惶恐與不安——白種人皮膚癌的發病率明顯高於黑種人。

遠古人類沒有防曬乳，爲了避免紫外線傷害，他們必須採取相應的保護措施。這個措施就是合成黑色素。

黑色素由皮膚黑色素細胞產生，可強力吸收紫外線，大幅降低紫外線對DNA的傷害，就像是給DNA撐起了一把小陽傘。不只如此，黑色素還能消除自由基，給皮膚細胞提供雙重保護。當然，我們並不建議因此而把自己塗成黑色，墨水完全不能起到黑色素的防護作用。

黑色素細胞本身是透明的，並且很容易呈現出來，令皮膚看起來是黑色的。另外它還有一個特點：紫外線越強烈，合成的黑色素就越多，那正是皮膚被太陽照射後會暫時變黑的罪魁禍首，也是皮膚的正常緊迫反應。值得慶幸的是，曬黑的過程是可逆的，在隔離了陽光之後，黑色素就會逐漸消除。所以，大可不必擔心在太陽下待的時間長一點就會變成黑種人。

如果你因此就斷定非洲人的皮膚黑色素細胞最多，那就大錯特錯了，不同地區人種的黑色素細胞數量基本相等，區別在於黑色素顆粒含量不同。黑種人皮膚中的黑色素顆粒又大又多，比白種人多了四十多倍，這些大粒黑色素遍佈於各層表皮細胞內，且不易消除。黃種人和白種人皮膚中的黑色素顆粒較小，易被分解，僅存的不易分解的黑色素只分佈於表皮基底層細胞內，外表就不是那麼黑。而黑色素顆粒的大小、多少由基因決定，這是不同的地區有著不同膚色的生物學原因。黑種人之所以合成那麼多黑色素，正是爲了保護皮膚免受紫外線傷害，從而大大減少了罹患皮膚癌的風險，使得黑色皮膚在非洲受到了自然選擇的青睞。

這一理論也符合大多數人的想像，通過簡單的觀察就能得出這樣的結論：非洲地處炎熱地帶，靠近赤道的印度南部和新幾內亞人的皮膚也都很黑，似乎確實是相同的日曬造成了相同的結果。當遠離赤道時，越是向兩極移動，人的皮膚似乎也越來越白，到了北歐，原住民幾乎全是白人——斯堪地那維亞人據說是全世界膚色最白的人。

難道還有什麼理論能比這個理論更出色地解釋膚色現象嗎？

但在有些科學家眼裡，所有這一切都只是表相。

很多人都容易被表相所迷惑，得出的結論也只是表面性的結論。如果黑色皮膚的主要意義在於保護皮膚不被紫外線曬出皮膚癌，那麼質疑聲會緊跟而來。因爲皮膚癌的發病概率很低，而且發病過程太慢，遠沒有呼吸道傳染病的危害嚴重。在非洲，就算膚色較淺的人不幸得了皮膚癌，也不會立即喪命，仍有機會留下後代。此外，原始人類性成熟較早，在某些原始部落中，小孩到了四歲就要獨立生活，活到二十歲已經不錯了，他們完全可以在小小年紀就生兒育女，而皮膚癌又很少在二十歲之前發病。從遺傳意義上說，黑色皮膚的保護效果並不立竿見影。

由於皮膚癌理論存在明顯弱點，導致更多的人提出了更多的理論，試圖解釋非洲人的膚色成因，但很少有人能做到自圓其說。

有一種理論和皮膚癌理論略有不同，他們認爲黑色的皮膚主要是爲了防止汗腺和皮下血管被陽光灼傷。還有一種理論認爲：黑色素細胞其實是人體免疫系統的一部分，爲人體築起第一道免疫防線，以免被熱帶叢林中的黴菌或細菌感染。黑種人越黑，免疫能力就越強，越容易在熱帶叢林中生存下來。姑且不論黑色素細胞的免疫功能如何，假如只是爲了抵擋病菌入侵，就根本沒有必要合成那麼多的黑色素。此外，現有證據表明，白種人的免疫能力似乎並不比黑種人低。病菌又不會因爲你黑而怕了你！

還有人說：黑皮膚的重要功能其實與紫外線無關，而是爲了過濾陽光中的紅外線。紅外線有極強的穿透力，可以穿透皮膚直達內臟。黑色素過濾掉了過多的紅外線，可以防止內臟過熱。

這一理論在二十世紀五〇年代的南北韓戰場上似乎得到了證明。當時，以美國爲首的聯合國軍在寒冷的北韓作戰，結果戰場上被凍傷的往往是黑種人；黃皮膚的中國軍人在長津湖一戰中也因天氣寒冷而傷亡慘重，非戰鬥減員超過戰鬥損失；而白種人的表現要好得多，很少出現凍傷減員。有人認爲，主要是深色皮膚阻礙了身體對紅外線熱量的吸收，黑色皮膚的熱輻射速度要比白皮膚更快，也就是散熱更快，無法有效加熱內臟，因此最易被凍傷。但實際上，這極有可能是對環境不適應造成的——黑種人很少生活在寒冷地區，應對寒冷的能力自然不強。作爲反證，因紐特人膚色並不白，照樣能在北極圈內很好地生活。

還有一個最讓人意想不到的理論，說黑色皮膚可能是一種僞裝，甚至是對黑猩猩的模仿，可以讓非洲人在叢林中更好地保護自己，悄悄接近獵物時不容易被發現。這似乎有點道理，電影中的江湖大盜在夜晚活動時，都會穿上一身黑色工作服。可是，黑種人與江湖大盜的區別在於，他們主要是在白天活動，而軍事迷都知道，白天最好的迷彩服並不是純黑色，而是淺綠色花紋。大白天一個全黑色的身影在綠色草原上快速穿梭，是不是太過招搖了呢？還有一個因素使這個理論更加撲朔迷離——很多野獸原本是色盲，眼裡只有黑白兩色，那麼白色也應該是一種僞裝才對，在非洲也應該有一席之地，共同呈現一個黑白相間的非洲。然而事實卻是：非洲土著幾乎是清一色的黑種人，而絕大多數白種人都是後來移民過去的，或者只是短期旅遊。

這意味著各種理論提到的限制因素，幾乎都不是白皮膚的主力殺手，肯定還有更厲害的殺手在暗中潛伏，不聲不響地慢慢幹掉了曾在非洲生活過的皮膚不是那麼黑的人。

另一些科學家相信，原始人類在非洲遇到的最厲害的「殺手」是維生素D。

維生素D是一個維生素家族的總稱，既然稱爲家族，肯定有很多成員。根據發現的時間先後，按老大老二老三的順序一直向後排，排行第三的被稱爲維生素D3，對陽光中的紫外線尤其敏感，是最重要的一種維生素D。爲了行文簡潔，在這裡只用維生素D代表諸多家族成員，不再分別討論它們更加細緻的功能。

其實，麻煩不在於維生素D種類很多，而在於人體不能自行合成這種物質，只能在紫外線的照射下，將膽固醇轉化成維生素D前體。前體的意思就是，那還不是維生素D本尊，並不具備生化活性，還要在肝臟中處理一下，再通過血液運輸到腎臟，經過進一步加工才能變成眞正的維生素D。接下來，它們將參與人體的很多代謝活動，特別是促進人體對鈣的吸收，有利於強化骨質強度。

簡單說，就是維生素D可以讓骨頭變得更結實。如果人體缺少維生素D，最直接的表現是骨軟化症和佝僂病，患者容易跌倒和骨折，大大增加細菌和病毒感染的機會。因此，維生素D曾被稱爲佝僂病維生素。

佝僂病本身並不會立即致命，一個病懨懨的佝僂病人仍然是一個活人，但會帶來嚴重的副作用。對女性來說，會造成骨盆畸形，並因此導致生殖失敗。佝僂病人雖然可能會撐上一段時間，卻很難留下後代，那是比皮膚癌更爲殘酷的自然壓力，並已被遠征格陵蘭島的早期白人殖民者用慘烈的方式加以證明。當時他們自以爲憑藉堅強的毅力和強悍的體魄克服了嚴酷的天氣，順利征服了格陵蘭島，但後來他們都消失了。對遺骸的調查表明，他們的骨盆出現了嚴重的畸形，原因是格陵蘭島靠近北極，光照嚴重不足，殖民者長期得不到充足的紫外線照射，難以轉化出足夠的維生素D，結果全都得了佝僂病。這一種並不可怕的疾病，徹底滅絕了這些早期殖民者。

進一步的研究表明，缺少維生素D時，不只會造成佝僂病，罹患癌症的風險也會相應增加，此外還與高血壓、心血管疾病、糖尿病等很多疾病都密切關聯。

因此，補充維生素D很重要。問題是人類無法從食物中攝入足夠的維生素D。好在我們還有一條最經濟實惠的補充途徑——曬太陽。

這種解決方法簡單而且有效。正常人一天只要曬十幾分鐘太陽，就可以轉化出足夠使用的維生素D。所以，曬太陽絕不是小問題，小學生要保證足夠的戶外活動，連監獄裡的犯人都要保證一定的放風時間。

或許有人會問：這邏輯是不是說反了？既然曬太陽能得到維生素D，那大家都去曬太陽就是了，非洲人幹嘛還要那麼黑呢？那樣豈不是會過濾大量的紫外線，讓陽光沒有用武之地嗎？

問題仍然出在維生素D身上，正所謂成也蕭何，敗也蕭何。

人體雖然需要很多維生素D，卻遠沒有達到多多益善的境界。一旦合成的維生素D超過了機體的需求，就不得不通過腎臟處理後經尿液排出體外。腎臟其實就是人體內的汙水處理廠。可以想像，合成的維生素D數量越多，腎臟的工作負擔就會越重，無原則的強烈陽光照射會使腎臟出現慢性衰竭，最終連累個體一起崩潰。可見，人體對維生素D的需求是緊迫需求，少不得半點，但是又不能生產過量，不然也會出現間接的致命後果。

如果不想出現慢性腎衰竭，人體就要控制維生素D的生成量。而在生產維生素D的流水線上，很多環節人力無法控制——人不能讓陽光中的紫外線自動消失，也無法不在太陽下行走，生產維生素D的膽固醇又是細胞必不可少的原材料。所以，最有效的方法只能是設法濾去陽光中多餘的紫外線。爲達此目的，就必須增加黑色素。凡是黑色素不夠的人——也就是不合時宜地出現在非洲的白種人——命運可能會非常悲慘，就算他們沒有被曬出皮膚癌，也極有可能由於合成過多的維生素D而被慢性腎衰竭拖累至死。

現在，非洲人的黑皮膚有了更充足的理由：豐富的黑色素不但能濾去多餘的紫外線以預防皮膚癌，而且能防止合成過量的維生素D。

這似乎也是不同地區存在不同膚色的原因之一：走出非洲的人類只能節制黑色素的合成，以防遮罩更多的紫外線。不同地區光線強度不同，居民的黑色素含量也必然不同——適量的黑色素意味著適量的紫外線與適量的維生素D。如今，膚色的自然分佈似乎是最好的例證：赤道地區的居民皮膚很黑；亞熱帶和溫帶地區居民膚色稍淺，呈黃色或棕色，而且容易被曬黑；而歐洲和極地周圍的人膚色更淺，呈明顯的白色，因爲那裡的陽光最爲暗淡。爲了得到更多的陽光照射，他們不只皮膚變白，連頭髮也從黑色變成了金黃、灰色或銀白色，此類淡色頭髮更易於陽光穿過，更好地促進維生素D轉化，甚至更有效地加熱大腦。而非洲人黑色捲曲的頭髮卻是用來隔絕陽光的。

維生素D還能很好地解釋女人的皮膚爲什麼比男人白皙。無論天涯海角，幾乎所有種族的女性，膚色都要比當地的男性白一些。這一現象曾激起過很多爭論，且爭論仍在繼續。維生素D理論現在也插了一腳。道理很簡單，女人在懷孕和哺乳時要得到比平時更多的鈣，不但要供給自己使用，還要給孩子準備一份，她們因而要比男人得到更多的維生素D，也就是需要更多的紫外線，她們有理由把皮膚變得更白。

男人偏愛白皮膚女人的終極原因是，他們喜歡的其實是能給下一代提供更多鈣的能力。

到了這裡，維生素D理論對膚色現象做出的解釋是不是已經讓你心服口服了呢？

但是，這個理論仍然有欠缺。

反對者指出：根據計算，如果非洲人僅僅要控制機體維生素D的適當產量，膚色深度就必須處於某個平衡點，那就是最佳膚色，使他們剛好能吸收到合適劑量的紫外線，不能多也不能少。但計算結果表明，理論上，非洲人的膚色可以更白一點，那樣生產的維生素D的量才是最合適的——不多，也不少。

就是說，要是只有維生素D的影響，非洲人的皮膚就不應該這麼黑。

另外，慢性腎衰竭與皮膚癌類似，不會立即致命，留下後代的機會總還是有的。何況，現代非洲已經有很多白種人和黃種人入住，他們都沒有出現明顯的維生素D中毒現象。

那非洲人的皮膚爲什麼要這麼黑呢？難道在維生素D背後還隱藏著另一個膚色殺手嗎？

只要有另一個，就可能還有兩個或三個，甚至更多的殺手。

在維生素D與葉酸之間左右為難

美國國家航空暨太空總署（NASA）的衛星除了可以用來研究宇宙，還可以用來研究人體。他們所拍攝的地球臭氧層圖譜，在生物學家那裡派上了大用場。臭氧層的主要作用是過濾陽光中的紫外線，從臭氧層圖譜中大致可以讀出地球各區域紫外線的強弱。研究人員把這一圖譜與相應地區的人群膚色進行了對比，結果令人振奮，正如預計的一樣，紫外線強度與膚色密切相關。

密切相關的意思是：NASA的衛星資料證明，人類的皮膚確實是越曬越黑。

但是，這一權威的衛星資料同時也帶來了一個令人意想不到的情況。紫外線最強的時候是在夏季，按理說，赤道附近居民的膚色應該在夏季最黑才對。但事實並非如此，他們皮膚最黑的時候反而是在紫外線不是最強的秋、冬季節。

這一明顯的事實帶來了嚴重的邏輯困境：如果黑色素的主要功能是保護皮膚免受紫外線傷害，但在夏季最強的紫外線下皮膚卻不是最黑的。這到底是怎麼一回事？

科學家不能修改事實，他們只得修改理論。他們承認，夏季皮膚不是最黑，必然有內在的原因。經過偵查，「元兇」在阿根廷現出了原形。

一九九六年，一家阿根廷醫院發生了一場連環悲劇，使科學家開始重視另外一種影響膚色的因素。當時，一名醫護人員同時照料三位年輕產婦，她們的身體都非常健康，沒有任何營養問題，卻都產下了神經管有缺損的嬰兒。醫生立即著手尋找罪魁禍首。經過排查，發現唯一的可能是，她們在懷孕初期曾享受過幾次長時間的日光浴。

難道是太陽造成了這些可怕的畸形嗎？它又是通過什麼方式對孕婦施加如此殘酷影響的呢？

當然是通過皮膚。

夏天的陽光雖然和冬天的同樣刺眼，其中的長波紫外線劑量卻存在巨大的差異。夏天時長波紫外線劑量最低，冬天時劑量則最高，而長波紫外線能穿透大氣層直達地球，但那還不是終點，長波紫外線還會繼續射穿人的皮膚，直達身體內部，深入到每一根血管之中，進而破壞血液裡的一種重要物質——葉酸。

葉酸是人體必需的B族維生素之一，是可從菠菜葉中提取的一種酸性物質。人體不能合成這種物質，好在自然界中廣泛存在著葉酸，其在葉菜類、蘑菇、動物肝臟、豆類、堅果中的含量都很豐富，對於雜食的人類來說，一般不會出現葉酸缺乏症狀。但是，葉酸有一個重要的弱點，它可以被長波紫外線輕而易舉地分解，若將血清暴露在烈日下，一小時後，葉酸濃度就會下降至非正常水準。

更加不妙的是，葉酸是合成DNA的必需因數，任何細胞分裂都離不開葉酸。如果只是普通的細胞分裂，比如表皮增長，那也就算了，出現幾個歪瓜裂棗的細胞也不是什麼大不了的事情，問題是生殖細胞也需要不斷分裂。對於健康正常的男性而言，每天要生成數以億計的精子，對葉酸的需求量非常大。一旦葉酸缺乏，不只精子數量減少，畸形精子比例也會大幅上升，很多精子根本就是濫竽充數，毫無授精能力，射出之後就立即變成了垃圾。因此，男人在備育期間應儘量少曬太陽，同時也要少抽菸喝酒，這些都會迅速消耗葉酸，情況嚴重時會導致男性不育，或導致產生高達三分之一的不合格精子，進而增加女人流產的概率。

但眞正令人擔心的不是男人缺乏葉酸，而是女人，特別是懷孕的女人。男人的精子數量龐大，缺乏葉酸導致的損害是小概率事件。而女人不同，她們一個月只排出一枚成熟的卵子，一旦授精，則受精卵仍將繼續受到葉酸缺乏的影響，因爲胎兒的肌體在子宮期間幾乎一直處於快速的細胞分裂狀態。

這時，女人白皙的皮膚就顯露出了雙刃劍效果。

白皙的皮膚可以通過更多長波紫外線，使體內更多的葉酸遭到破壞；其次，孕婦還要爲胎兒準備一份葉酸，用量當然更大；另外，雌性激素也會破壞葉酸。葉酸在女性體內面臨著四面楚歌的境地，有著稍不注意就會遭到分解的悲慘命運。

正是這個原因導致孕婦更容易出現葉酸缺乏症，她們對葉酸的需求是正常人的五倍，一旦缺乏，就會出現各種胎兒畸形，甚至產出無腦兒。據美國衛生機構統計，新生兒死亡案例中有百分之十五是葉酸缺乏造成的。如果在孕婦的飲食中添加富含葉酸的食物，會讓產生畸形兒的風險降低百分之七十五。可見葉酸是非常強烈的自然選擇因素。阿根廷那三名不幸的產婦正是在關鍵時期曬了過多的太陽，葉酸被破壞過多，直至淚灑產房。

在遠古時期，古人所能做的事情非常有限，他們只能順應自然選擇的壓力，不斷調配自己的膚色。由於冬日陽光中的長波紫外線強於夏天，爲了保護葉酸，冬天的膚色當然反而比夏天更黑，這樣才能阻擋更多的紫外線進入體內。所以他們不能隨心所欲地想有多白就有多白。

現在問題似乎已經非常明瞭：人體對維生素D的需要促使皮膚有變白的趨勢；而出於保護葉酸的目的，又必須維持一定的黑色。皮膚為此而左右為難，自然選擇應該在這兩種相反的需求之間尋找一個平衡點，即所謂最佳膚色，否則所有人都會被無情的陽光殺死。

地球上現有的不同膚色，似乎正是在黑白之間尋找平衡的表現——為了應對不同的陽光照射強度，最合理的顏色應該不是極黑，也不能純白。只有最佳膚色允許適量紫外線通過，既最大限度保護葉酸不被分解，同時又能合成足夠的維生素D。因為不同地區、不同季節的陽光和紫外線的強度不同，最佳膚色也常因時因地而不同。

假如這一理論是完美的，那麼最佳膚色必然存在。由於膚色深度應與紫外線強度變化成比例，相關證據也應該很容易找到。

為了驗證這一理論，臭氧層的衛星資料再次被拿來作為裁判。研究者同時分析了大量人群體內葉酸和維生素D的生化含量，結果表明，最佳膚色與日照強度基本相符，相符人群基本都在當地繁衍了一萬年以上，正是所謂的原住民。他們的膚色基本滿足葉酸和維生素D的中庸需求。從某種意義上說，那就是適合當地環境的最佳膚色。膚色與日照強度不相符的都是近千年以來的移民，他們顯然還來不及改變。

然而，這樣的解釋真的無懈可擊嗎？

最佳膚色理論的悖論

根據最佳膚色理論，可以這麼理解，在遠古時期，黑種人的膚色在非洲是最佳膚色，但在歐洲就不是。而白色在歐洲是最佳膚色，在非洲就不是。中國人介於兩者之間，視乎具體環境，可以黑一些，也可以白一些。在長期的自然進化過程中，最佳膚色應該更適於生存。

要是你就此相信每一地區都有最佳膚色，並努力將自己化妝成那種顏色，你就有點操之過急了。在這個星球上，總是會出現各種例外。比如靠近北極的格陵蘭島，根據最佳膚色理論，島上應該居住著純天然的白人，但是，格陵蘭島的原住民因紐特人卻有著深色的皮膚。好在這一矛盾已得到解決，他們的飲食比較特殊，吃的全是海魚，而海鮮富含大量維生素D，所以因紐特人不需要通過變白來彌補紫外線的不足，他們有條件保持深一些的膚色。隨著時代的發展，年輕的因紐特人轉而從超市裡購買大量方便食品，吃海魚相對少了許多，於是這些遠離赤道的深色皮膚少年開始出現佝僂病，以至於當地政府不得不要求他們每天必須有十五分鐘戶外活動時間。而在這之前，因紐特人從不知道佝僂病爲何物。

如果說因紐特人的膚色已被海魚化解，那麼，沒有海魚可吃的印第安人就給最佳膚色理論帶來了眞正的麻煩：美洲赤道地區的陽光與非洲一樣毒辣，卻從沒出現過黑人，直到白人把黑人販賣過去爲止。所有的印第安人都保持了從亞洲過去時的黃色，而非變成黑色。

假如有最佳膚色，那麼印第安人的膚色就錯了。

而印第安人的膚色是存在的事實，事實是不會出錯的。

那只能懷疑到底有沒有最佳膚色。

可是，這一理論的支持者不認爲他們的理論有問題，他們聲稱這個反例可以被解釋清楚：印第安人到達美洲的時間不長，只有一萬多年，這麼短的時間還不足以讓他們從黃變黑。這似乎是個不錯的理由，畢竟基因突變不是拔起蘿蔔種下馬鈴薯那麼簡單的事情，正確的基因突變需要大量的群體和漫長的進化時間。

可要是以時間爲藉口，新的麻煩就會接踵而至。這一次是北歐斯堪地那維亞半島上的居民提出了挑戰。斯堪地那維亞半島長年日照不足，陰冷而潮濕，島上的居民似乎有理由變白。事實也正是如此，他們都是白種人。但問題也正出在這裡，他們實在是太白了，是全球最白的居民，可他們卻只是在五千多年前才到達該半島，此前那裡一直被冰川覆蓋。儘管他們去得這麼遲，比印第安人到達美洲晚了至少五千多年，但膚色仍然成爲全球最白。爲什麼印第安人在兩倍長的時間裡卻不能順利變黑呢？如果印第安人的進化時間不夠用，爲什麼斯堪地那維亞人的時間就夠用？

有人立即會說，斯堪地那維亞人在進入北歐之前就已經是白色，他們不存在時間不夠用的問題。這樣解釋也行，但那又和當地的氣候無關，亮眼的白色就不能算作是當地的最佳膚色。

後來發現，印第安人和斯堪地那維亞人竟然都還不是最大的麻煩。最大的麻煩是東南亞熱帶地區的居民造成的，他們同樣也靠近赤道，但我們從來不認爲他們是黑人，他們的膚色雖然深一些，但還沒有深到發黑的程度，這又是什麼原因？

有人補充說，那與東南亞的熱帶雨林氣候有關，雨林對皮膚有一定的保護作用，所以皮膚不需要太黑。問題是，這是給最佳膚色理論設下的可怕連環套：要是雨林可以保護皮膚不會變黑，同在赤道附近的西非與東南亞的氣候非常相似，那裡同樣水汽蒸騰、雲霧繚繞，日照時間極短，有時甚至一天不超過三個小時，但令人難以想像的是，那個地區的居民皮膚依然很黑，而且是全非洲最黑的！

最佳膚色理論幾乎被這一系列的麻煩搞崩潰了，該理論的支持者很難再讓別人相信日曬強度與膚色成正比關係。而這還不是最沉重的打擊，最沉重的打擊來自澳大利亞附近一個不起眼的小島——塔斯馬尼亞島，一條海峽將它與澳洲大陸隔開。這條海峽大約有一百五十多公里寬，島上的原住民還不會使用船隻。也就是說，他們根本無法越過海峽與澳洲大陸往來。那他們是怎麼過去的呢？

那還是在一萬多年前，地球正處於冰河時期，澳洲的一批原住民踏冰登島。後來冰河消退，海水上升，徹底隔斷了去路，他們就此被永遠留在了那座孤獨的島上，與澳洲大陸只能隔海相望，一萬年間與世隔絕，直到歐洲殖民者打破島上寧靜的生活。

歐洲殖民者發現，那座孤島是典型的溫帶氣候，按照最佳膚色理論，島上居民的膚色應該像溫帶地區一樣，也是白色的，至少也應該是黃色的。但不妙的是，他們仍是黑色，而且是非常黑的黑色。

這群已經滅絕了的塔斯馬尼亞人，幾乎把最佳膚色理論的支持者堵得啞口無言。順便說一句，他們不是自然滅絕的，也就是說，不是因爲膚色或其他原因而被大自然淘汰的，而是被英國殖民者殺害的。

如果你認爲這已經是對最佳膚色理論的致命打擊，那你就想錯了。足以讓該理論徹底崩潰的致命打擊出現在神秘的索羅門群島，那裡有很多詭異的傳說，然而對於科學家而言，最詭異的卻是他們的膚色。

索羅門群島位於澳大利亞東北部的南太平洋上，共有近一千座島嶼。因爲大洋阻隔，彼此交流極不方便，人口流動率極低，社會文明程度較落後。但各島之間相距不遠，氣候環境相差不大，是研究人群多樣性的極好樣本。理論上來說，各島居民膚色應該非常接近。但令人驚奇的是，當地居民有的膚色極深，有的膚色卻極淺。更奇特的是，兩種膚色的人比鄰而居，抬眼一看，黑白相間，構成了一道獨特的人文風景。

這道獨特的風景實在讓最佳膚色理論的支持者望「皮」興嘆。如何用最佳膚色以及太陽的紫外線作用等因素來解釋近距離出現的巨大膚色差距呢？答案只有四個字——沒法解釋。

面對層出不窮的反面證據，早有學者明確表示：膚色深淺根本與陽光無關。比如，人類獲得維生素D的管道多種多樣，並非只能靠陽光照射。同樣，葉酸雖然可能被陽光破壞，但也可以很快從食物中得到補充。皮膚黑一點或是白一點，並不是那麼要命的事情。

非要尋找制約膚色的因素，恐怕既不是維生素D也不是葉酸，而是合成黑色素的主要原料酪氨酸，這種氨基酸無法從陽光中獲取，只能從食物中得到。攝入的富含蛋白質的食物越多，得到的酪氨酸就越多，才有可能合成更多的黑色素。原來皮膚變黑也需要本錢。原始人類在炎熱的非洲，很容易通過採集和狩獵得到豐富的蛋白質，他們有資格變黑。而遠離赤道的地區氣候陰冷潮濕，導致食物匱乏，好不容易得到的酪氨酸多被用作其他營養途徑，不能拿來合成黑色素，他們的皮膚只能白一些了。也就是說，因爲營養水準上不去，才不得不變白。

如此說來，膚色竟然跟陽光半點兒關係也沒有。在臭氧層圖譜證明某地紫外線強烈的同時，事實也證明了當地有充足的光合作用，因而有充足的食物供應——是充足的食物讓人變黑，而不是紫外線讓人變黑。

這樣繞來繞去，如果你已經快要暈倒在地，那就對了，說明你在認眞思考這個問題。膚色問題看似極其簡單，現在卻被弄得錯綜複雜、自相矛盾，簡直亂成一團，主要原因在於，這個問題本身就自相矛盾，索羅門群島就是鮮明的例子。對於自相矛盾的現象，只用簡單的理論當然難以解釋清楚。有的時候，科學家不得不採取更爲複雜的策略，拿出更爲複雜的理論來。相對而言，前面提到的理論都顯得過於單一或稚嫩，只能作爲系統解決方案中的一個分支。

那麼，膚色問題還有希望得到漂亮的解釋嗎？當然有，並且這次的解釋更加令人驚豔，我們甚至可以用它解釋更多更複雜的生物現象，膚色問題只不過是小菜一碟。

達爾文的又一個發現

這個令人驚豔的強悍理論，從誕生的那一天起就顯得那麼卓爾不群，其獨特的觀點幾乎把生物學界分裂爲對立的兩大門派，彼此互相攻擊了許久，大家都在猛烈指責對方無知，但他們明明都是科學家。直到最近，兩派才分出了高低，支持者漸漸佔據上風，就像多年的媳婦熬成了婆，很快就散發出了異樣的光芒。人類的膚色難題就在這光芒的照耀之下，得到了另一種看似圓滿的解答。

回到一百四十多年前，達爾文有一段時間對雄性孔雀非常著迷，他反覆觀察牠們的尾巴，那不是爲了欣賞，相反，雄孔雀華麗而誇張的大尾巴讓他異常沮喪。根據自然選擇理論，動物身體的結構必然要有利於生存，這是《物種起源》的核心內容。但誰都可以看出，孔雀的大尾巴雖然漂亮，卻明顯不能爲孔雀帶來任何生存上的好處，可是雄孔雀卻趾高氣揚地拖著大尾巴到處顯擺。達爾文想不通：花費如此巨大的代價拖著這麼一副無用的大尾巴，到底有什麼生物學意義呢？在獅子等捕食者看來，那只不過是一盤裝扮得五彩繽紛的冷切肉而已。

這個奇怪的現象讓達爾文煩惱不已，如果找不出合理的解釋，自然選擇理論將被孔雀的尾巴擊敗。

很快，他發現了線索：雄孔雀的尾巴並不是特殊的生物現象，相反，自然界存在著大量不可思議

▲根據自然選擇理論，動物身體的結構必然要有利於生存，但誰都可以看出，孔雀的大尾巴雖然漂亮，卻明顯不能為牠帶來任何生存上的好處……達爾文想不通：這到底有什麼生物學意義呢？

的類似結構，比如男人的鬍子和女人光滑細膩的皮膚。這些結構都有一個共同的特點——體現了兩性之間的重要差別。

最後，偉大的達爾文對這些結構進行了總結，並給出了一個聰明的結論——性選擇！說白了就是，因爲雌性喜歡，雄性就必須長出那些奇怪的結構，反之亦然。他不只打算用這一理論去解釋孔雀的尾巴，還計畫解釋所有自然選擇無法解釋的生物現象。達爾文相信，自然選擇只是解決了生存問題，只有性選擇才能解決繁殖問題，兩者缺一不可。

儒家所謂「食色，性也」，算是切中要害，那絕不是誤打誤撞得出的結論，而是對人類長期觀察的結果。只可惜他們缺乏必要的科學素養，沒有提出中國的進化理論。

但性選擇理論並不爲其他學者所接受，他們不能忍受男人需要接受女人選擇的事實，當時大部分學者堅稱：這個世界只有自然選擇，根本沒有什麼性選擇。雖然達爾文一向對批評意見不放在心上，但這次反對力量如此強烈，導致性選擇的支持者處於絕對下風，他也有無能爲力之感。這種局面直接造成性選擇理論被埋沒了一百多年，直到自然選擇遇到了巨大的困難，比如很難解釋男人的鬍子和膚色等問題，而性選擇理論正好可以爲此類難題提供完美的答案，這才重新受到了大家的關注。

那麼，性選擇理論對人類的膚色又有什麼高見呢？能解釋清楚索羅門群島黑白雜居的現象嗎？

爲了便於理解，先讓我們再次回到女人的皮膚爲什麼比男人更爲白皙這個問題。前面曾經提到，女人的皮膚之所以更白，是出於吸收更多紫外線的需要，以便製造更多的維生素D，從而保障後代的鈣需求。事實上，這種說法與葉酸理論互相矛盾，因爲更白的皮膚也容易損失更多的葉酸。從這個角度考慮，女人的皮膚應該比男人更黑才對。如果要尋求黑白之間的平衡點，至少應該和男人的膚色相差無幾。

性選擇理論根本沒有考慮陽光因素，而是認爲女人的皮膚其實是幼態持續的表現，之所以保持這種幼態，就是由於男人喜歡——光潔細膩白皙的皮膚，可以證明身體裡沒有寄生蟲，也沒有皮膚病，是年輕和健康的證明，和這樣的女人發生親密關係沒有被傳染的危險，擁有健康皮膚的女人營養也必定充足均衡，後代成活率肯定更高。

既然女人的皮膚可以向男人傳達如此豐富而重要的資訊，她們當然要用好這個廣告。這也順便解釋了女人爲什麼沒有鬍子，沒有鬍子的臉龐可以向男人展示更多的面部皮膚，也就是做更多的廣告。

免費說個訣竅：如果某位女士在某位男士面前總是向後梳理自己的長髮，比如掛在耳後，以便展示更多的面部皮膚，那就等於在向那位男士告白了，展開有意或無意的勾引。要知道，耳垂附近的皮膚又白又嫩，可是極好的展示地帶。

現在，讓我們把目光從女人臉上移開，思路回到索羅門群島。根據性選擇理論，該如何解釋那裡的居民膚色有黑有白？

越是複雜的問題，性選擇理論解釋起來反而越是簡單，原因只有一條：有人喜歡。有錢難買人喜歡，這就是性選擇理論的強悍所在。但喜歡一個東西總要有點原因，說不出原因的喜歡就是耍無賴。某人喜愛某種膚色的原因，可能源於家人的影響。所有人見面最頻繁的，必然是自己的父母和兄弟姐妹，親人的膚色將影響性選擇的標準。在家庭膚色氛圍的長期薰陶下，黃種人會認爲黃種人最好看；

而黑種人則以爲黑種人最漂亮；白種人當然認爲白種人最迷人了。既然如此，突然出現的其他膚色就不容易被當地人接受，變異的膚色找不到配偶，變異的基因也就遺傳不下去。

這可能正是爲什麼非洲黑人會殺死白化病人的原因。從宗教上而言，他們認爲那種膚色是魔鬼的化身，處理的手法也極端恐怖——直接吃掉。事實上，這屬於另一種理論觀點，叫作父母選擇，即父母在塑造膚色方面起到了重要作用，當生下和自己膚色不一樣的孩子時，就會發生殺嬰悲劇。從進化論角度觀察，出現在非洲的白色突變體就算不被吃掉，也難以正常存活下去——白色皮膚在黑色大環境下根本沒有進化的機會，存在審美和文化的雙重排斥，此外還會受到自然選擇的無情打壓。

長此以往，在一個區域內往往只有一種主流膚色，而主流膚色應該最具自然適應性，比如黑種人在非洲、白種人在歐洲、黃種人在亞洲。性選擇理論通過不同的推理途徑，得出了和最佳膚色理論相同的結果。

但性選擇理論還可以解釋更多。索羅門群島的居民來源複雜，而他們都只喜歡和自己膚色相近的人結婚，因此保持了不同群體之間的膚色差異，這才出現了黑白雜處的奇特局面。

用性選擇理論解釋人類膚色雖然很方便，卻不容易驗證。我們很難把一對白種人父母強行染成黑種人，然後看看他們生下的孩子到底是喜歡黑種人還是白種人。

好在我們可以用動物做實驗，而且眞的有人做過這樣的實驗。雪雁是一種漂亮的小鳥，有藍色的，有白色的。有意思的是，藍色雪雁只和藍色的同類交配，白色的當然只和白色的同類交配。於是，科學家不禁要想：這種交配傾向是天生的呢，還是受到父母的影響衍生出來的呢？

爲了驗證這個問題，研究人員把剛孵化出來的白色小雪雁放進藍色雪雁的鳥巢裡餵養，反之亦然。結果很有趣：這些小傢伙在養父母的撫養下長大以後，無論自己的體色是藍是白，都只喜歡和與養父母體色一致的鳥交配。要是養父母一藍一白，小傢伙長大後就不會挑剔，牠們藍白通吃。

爲了進一步分析家庭影響，研究人員開始惡作劇，他們把一些鳥染成了紅色。結果正中預期，紅色雪雁養大的小傢伙也只喜歡紅鳥。也就是說，審美情趣是後來學會的，是家庭薰陶的結果，與基因無關。如此看來，某些性選擇的標準確實是由品味決定的，而品味有時是沒有道理的，雖然說好品味取決於好基因，但藍色羽毛和白色羽毛可能同樣好，這時品味就可以隨意發揮。喜歡藍色也好，喜歡白色也好，甚至可以喜歡紅色，對生存都不會產生太大的影響。

鳥類能這麼做，人類爲什麼不能呢？人類與鳥的品味大同小異，你可以稍有自己的偏愛，比如偏愛黑膚色或者黃膚色，那是個人自由。因爲品味有時沒有道理，所以膚色分佈有時也沒有道理：人可以黑，也可以白，當然更可以黃。而膚色多樣性只是品味複雜性的一個佐證。我們無法指責不同的品味，我們只能接受事實，並承認膚色混雜本身就是硬道理。索羅門群島的黑白雜居現象是對性選擇理論的回應，是既成事實，不必過分驚奇。

然而，性選擇理論也有麻煩：如果品味可以影響膚色，非洲人的品味就不應該如此整齊劃一，那裡起碼也應該有黃種人，間或有幾個白種人。爲什麼沒有呢？那只能說明性選擇理論雖然驚豔，但還沒有達到萬能的程度，徹底排除陽光的影響明顯不合時宜，性選擇必須收斂自己的個性，並與自然選擇實現某種默契的配合，否則只能自取滅亡。

性感，推動人類進化的重要動力

或許有的讀者看到這裡，不禁會惱羞成怒，並厲聲責問：到底有沒有完全正確的理論？有時候，追求完全正確可能是一個誤區，現在應該承認一個殘酷的事實：只用簡潔單一的理論不可能完全解決膚色問題，就算強大的性選擇理論也不行。我們應該拋棄對單一理論的偏好，那在物理學和其他學科中或許可以，但在生物進化領域，特別是人體進化方面看起來困難重重，對於極度複雜的問題，我們必須學會接受綜合的理論解釋。

前面所提到的各種理論，可能都有其正確的一面：在不同區域、不同時間，不同的因素會對人類的膚色施加不同的影響。由於影響因素的多樣性，才導致了膚色現象的複雜性。比如黑色皮膚在叢林中可能確實具有僞裝效果，特別是在沒有房屋的年代，人們夜晚都在外面睡覺，黑色皮膚可以徹底融入黑色的夜晚，被夜行的肉食動物發現的可能性大爲降低；白色皮膚相對而言肯定更加危險，所以進化出來的時間最晚，那時人們已經開始穿衣服，並且住進了山洞等簡陋的住所——白花花的肉體在夜晚不會再成爲醒目的靶子。

既然每種理論可能都有點兒道理，就需要看哪種因素在哪些地方影響更大。比如，在紫外線輻射強烈的地區，女性就處於兩難境地，她們一方面承受性選擇的壓力，想努力保持美白，同時又要保證在妊娠期製造更多的維生素D；另一方面，她們又必須變黑，否則強烈的紫外線將破壞她們體內葉酸的正常儲量。她們最終呈現的膚色，就是取得了平衡的最佳膚色。

可以認爲，性選擇應該也必須與自然選擇達成某種妥協，所以，人們不能放任對白色皮膚的喜愛而置自然選擇於不顧，也不能任由自然選擇留下越來越黑的皮膚而罔顧性選擇的偏好。人類應該在白色皮膚的性感與黑色皮膚的健康之間尋找平衡，受此制約，赤道附近顯示了較黑的膚色，但又不至於如煤炭般漆黑。

關於印第安人爲什麼沒有及時變黑，而斯堪地那維亞人爲什麼又會迅速變白，可能只是變黑與變白的速度眞的不同。對人類而言，變白容易，變黑更難。因爲變黑承受的自然選擇壓力更大，變白則相對較小，其根本的原因是維生素D比葉酸更重要。換一種表達就是：變白比變黑更重要。

變白更重要的意思是，人們總是希望變得更白，就像所有人都想得到黃金，所以黃金很重要一樣。而重要的東西總是首選的東西。偏愛白皮膚的審美情趣也起到了助推作用，在中等膚色地區，變白更容易得到優秀的配偶，變黑則相反。在控制色素的基因層面也存在同樣的趨勢，變白的根源是失去黑色素基因活性，變黑則是獲得黑色素基因活性。現在已經知道，控制黑色素合成的基因有好幾個，必須協同工作才能合成出適當的黑色素。所以，變黑更爲複雜，而變白則相對簡單得多，因爲失去某個東西比得到它要容易得多。如果變黑是逆風而行，變白則是順勢而下，花費的時間當然要少。因而，斯堪地那維亞人可以在更短的時間內變得更白，而印第安人卻沒能在更長的時間內變得更黑，不是他們不想變黑，而是很難獲得複雜的黑色素基因。

可以想像，隨著交通發達，未來的世界人群流動幅度越來越大，非洲有了大批白人，美洲也有了大批黑人。假以時日，各種膚色的人都混合在一起生活繁衍，膚色就會越來越趨向於中和。

但無論到哪一天，當我們重新審視地球人的皮膚時，恐怕都不會只看到一種顏色。膚色畢竟不只是自然選擇的結果，還與我們的品味有著千絲萬縷的聯繫，而我們的品味有著如此巨大的天差地別，膚色也必將繼續保持五彩繽紛的多樣性。

要想更加深刻地理解膚色的所有意義，培養各種各樣的審美觀，我們還需要強大的認知能力，而這種能力在人類直立行走之初就已悄然構建，並最終展示了偉大的成果，那就是我們的大腦。如果沒有發達的大腦，裸露的皮膚展示的膚色誘惑就將失去重要的審美價值。

展示性感並理解性感，一直是推動人類進化的重要動力。

第四章　大腦袋不一定有大智慧

腦袋並不是越大越好，那只是身體應對環境的工具而已，超出標準的工具就會變成累贅。如果腦袋真的越大越好，每種動物都應該努力放大自己的腦袋，這個世界將存在各種智慧生物與人類一較高下的奇幻局面。但事實卻是，更大的腦袋可能會帶來更大的麻煩，因為那可能需要付出更大的代價。

當考古學家在法國南部的一個山洞中發現一幅三萬年前的壁畫時，所有人都大吃一驚，石壁上描繪的牛頭人身像與三萬年後畢卡索的名作《邁諾托與死母馬》極其相似，彼此都沒有互相抄襲的機會，是藝術的靈感使他們跨越了三萬年時空，展開了一次精神上的交流。這種離奇的巧合，得益於我們的大腦在數萬年中沒有發生根本性的變化，數萬年前的精神世界與現在並沒有本質的不同，我們可以理解他們的感受，他們也會欣喜於我們取得的成就。我們都是直立行走結出的纍纍碩果，大腦則是其中閃閃發光的明珠。

根據連續進化原則，人類大腦的騰飛同樣很難找到清晰的起點，或許我們可以把注意力放在五千多萬年前的一種猴子身上，有人稱之為恐猴。牠擁有當時世界上最優秀的大腦，腦袋比同時代的哺乳動物的平均大了三倍，一舉奠定了靈長類大腦的基礎。人類繼承了恐猴的大腦迅速增長模式，只是速度更快。

在發現露西（詳見本書第一章）之前，大部分學者相信，只有腦容量先增大，直立行走才成為可能，因為直立行走需要強大的身體平衡能力，只要你閉上眼睛，雙臂下垂，努力用單腿站立，就會知道這件事有多困難。腿部的每一塊肌肉都需要不斷得到神經信號的指導，較小的大腦似乎很難做到這一點。露西的大腦結束了這場爭論，她的腦容量只有四百多毫升，與黑猩猩相差不多，但她依然在直立行走，因果關係已經非常明確：先有直立行走，然後才為大腦擴容提供了可能。所以，直立行走是觸發人體進化的重要開關，大腦只是系列成果之一，而非先決條件。

據研究推測，露西的大腦已經得到了充分開發，四百毫升腦容量的使用效果已經相當不錯。我們不知道露西和她的同類到底有多聰明，但可以參考黑猩猩的所作所為。黑猩猩同樣擁有四百毫升的大腦容量，而牠們已經可以搞政治陰謀，還會在叢林中設置陷阱捕獲猴子，從而吃上一頓新鮮的肉食以補充蛋白質；在部落戰爭中，黑猩猩也會施展詭計，在漫長的謀殺中把對手一個個幹掉；牠們還能製造很多工具，比如用打製好的樹枝捅死躲在樹洞中的葉猴；同時享受各種群體生活福利，互相依靠而又彼此猜忌，拉幫結派、爭風吃醋，幾乎與人類行為無異。牠們的大腦足夠處理如此複雜的群體事務，並由此提高生活品質。群居的黑猩猩比獨自生活的黑猩猩壽命更長，因為牠們的大腦使用頻率更高。

但當黑猩猩的腦容量不再上升時，人腦的發展卻突然開始，在此後的兩百萬年內連續增大了三倍。迄今爲止，沒有哪種動物的大腦能達到如此驚人的進化速度。腦容量達到七百五十毫升時，人類已經遠遠地把其他靈長類動物甩在後面。有學者認爲，七百五十毫升是一個里程碑，越過這個水準就可能發展出高級智慧。而此後，我們的大腦容量又多出了七百多毫升才突然煞車，大腦的功能已經進化完畢，全面負責知覺、記憶、語言、思維等活動，特別是想像能力，天馬行空、任意揮灑。

如果評選人體最令人引以爲傲的器官，大多數人應該會把選票投給大腦——它接受並處理各種資訊，給身體發號各種施令。我們的身體言聽計從，毫無怨言。它讓我們的身體坐下、打開電腦、上網，然後瀏覽各種有趣的內容，也就是大腦喜歡的內容。從某種意義上說，當提到「我們」這個詞時，簡直就是代指大腦。我們親吻時，其實是大腦在享受親吻的過程。我們愛上了一個人，也就是大腦愛上了一個人。我們沒有辦法不喜歡「我們」自己，我們也沒有辦法不爲「自己」而感到驕傲，而人類的大腦也確實具有值得驕傲的地方。

黑猩猩的體重與人類相似，腦容量卻只有人類的三分之一左右，幾百萬年來毫無進步。從這種意義上說，人類的大腦遠超預期。超出預期的東西必然有超出預期的理由，自然選擇從來不允許沒有道理的事情發生。那究竟是什麼導致了如此傑出的大腦呢？難道眞有神秘的超自然力量在暗中引導我們的進化嗎？

進化史上的奇蹟

直立行走給人類帶來了強烈的狩獵欲望，狩獵水準因此不斷得到提升，人類吃到的肉食越來越多，營養水準持續改善帶來了全方位的好處，為更加高大的身體奠定了物質基礎。而複雜的身體需要複雜的大腦，這對於野外生存來說至關重要。可是在非洲大草原上，所有動物都與人類一起經過生死磨練，很難輕易捕捉到手，守株待兔只是寓言。我們沒有獅子那樣強健的體魄，也沒有豹子閃電般的速度，幸好我們擁有非凡的大腦和長途追殺能力，可以有計劃地集體捕獵、設置陷阱、使用棍棒和骨頭作為武器等。我們吃到的東西更多，從昆蟲到羚羊，從蚯蚓到渡渡鳥，來者不拒。而豐富的營養更加有效地回饋了大腦，這是一個明顯的良性迴圈，大腦的反應速度得以不斷提高。只有反應能力與對手匹配，才能適應更加險惡的環境，吃到更多的食物，當然還要避免被別的動物吃掉。

一個有趣的事實支持了這一理論。在現有的野生動物中，在相近體重條件下，食肉動物的大腦比食草動物更具明顯優勢，所以，食肉動物總能吃到食草動物。出現這種情況可能有幾方面的原因，比如只有吃肉才能支撐起更大的腦袋；或者捕獵需要更強的智力；或者原因出在食草動物身上，由於食物得來全不費工夫，牠們根本不需要花費代價增加大腦容量，一個大腦袋在逃跑時也累贅不是？

此前南美洲是一片與世隔絕的大陸，生活著很多食草動物，沒有高級食肉動物。食草動物沒什麼好擔心的，在漫長的進化歲月裡，牠們完全不思進取，大腦沒有任何增大的表現，結果當高級食肉動物從北美跨過巴拿馬海峽來到南美時，那些腦袋很小、毫無警惕性的食草動物經不起食肉動物的胡吃海塞，很快就被吃完了。

但無論食草動物還是食肉動物，大腦都沒有發展到人類的水準，牠們缺乏直立行走這個重要的前提，因而缺乏刺激大腦進化的後續因素。在諸多後續因素中，最重要的是雙手。雙手除了作爲萬能工具，還負責感覺與撫摸，對促進情感交流起到重要作用，輕輕捏捏臉頰和甩一個大巴掌，足以表達完全不同的含義。敏感的雙手還可以感受更多的神經信號，並即時傳回大腦請求獎賞。通過撫摸或觸碰，雙手還可以對物體的輕重、粗細、冷熱等指標做出基本判斷，所有這些感知內容都會產生巨大的信息量，需要大腦迅速加以理解並做出反應。

大腦的反應水準與雙手的感知水準同步進化，這已被化石記錄所證明。人類學會使用石器以後，腦容量隨之增加了一倍。這是因爲控制雙手的大腦區域所占比例極大，僅次於靈巧的舌頭，諸如彈琴、寫字、繪畫等手指活動，都會促使腦血流量明顯增加。無論是精細的手工操作，還是粗暴的徒手搏擊，雙手都必須時時得到大腦的指揮。在格鬥中，出拳方向和速度快慢都要在瞬間得到確認，錯過打擊目標也就意味著成爲被打擊目標。

眼睛也在默默地塑造著大腦的能力。在野外生存條件下，眼睛受傷意味著致命的危險，同時也意味著人類在進化過程中對眼睛具有高度依賴性。直立行走的人類視野更加開闊，在大草原上的所見所得和獅子、狒狒等的完全不同。人類捕獲獵物後，可以不依靠嗅覺就順利找到回家的路，但需要大腦的方向辨別能力和定位能力的引導，圖像資訊總量因此同步增加，更不要說我們看見的是立體彩色的世界。與數位相機原理類似，較高品質的圖像會佔據較大的存儲空間，照片數量越多、解析度越高，對存儲空間的需求也越大。從眼前不斷掠過的豐富圖像，對人腦無疑是空前的挑戰，我們必須進化出處理能力更快的大腦，絕不能讓色澤豔麗的圖像隨著前進的步伐而上下劇烈抖動，要不你拿著相機邊走邊拍試試？

長頸鹿的視野也很開闊，但仍然無法與人類相比，因爲長頸鹿的智力基礎比較薄弱，就好比給科學知識爲零的人配備一台高級天文望遠鏡，他可能會看到眼花撩亂的太空資訊，卻沒有能力進行科學處理，大部分資訊都會被迅速過濾並遺忘，以免佔據過多大腦記憶體，也就不會產生創造性的天文學理論。對牠們而言，只有哪裡有食物、哪裡有獅子、哪裡有異性同伴才是有效資訊，牠們的大腦處理這些資訊已經足夠，過於複雜的大腦反而會影響牠們的生存。一隻仰望天空、沉思宇宙起源之謎的長頸鹿，將很快成爲獅子口中的美食，牠們至死也不知道大爆炸理論到底是對是錯。

雙手的使用、狩獵的需要、營養的改善和視覺資訊的迅速增加，都只是人腦增大的部分前提。人腦容量的增加是涓滴成河、不拒細流的過程，是海納百川的結果，是各種複雜事件的綜合而不是單一事件的影響，每種因素都對大腦施加了一定的影響。比如雙耳聽力的改進；複雜語言的使用；觸摸感覺依賴性的提高；幼態持續導致腦袋變圓；走出非洲時應對複雜氣候條件的需要；非洲草原炎熱的氣候有利於神經元細胞的增殖；人類對火的使用可以在食物攝取量不變的前提下增加營養攝入，這種額外的攝入也給大腦提供了穩定的物質保障等。

圓形的容積最大，因而可以容納更多的腦細胞。人的頭顱也因此與其他動物明顯不同，區別在於人臉比較短，如果長一點兒就會被諷刺爲馬臉。短臉顯得圓而可愛，根本的原因是較短的臉不至於讓腦袋有前傾的趨勢，頂在脖子上就更省力氣，否則，時常要用雙手去扶正自己的腦袋，就像扶一頂尺寸過大的帽子，無論如何也是極其尷尬且危險的事情。

圓臉還使頭部的肌肉省去了很多牽引力，使得我們的脖子不會變成「肌肉串」。我們的脖子是優秀的脖子，得益於我們的腦袋可以被穩穩地頂在上面。黑猩猩的脖子又短又粗，要用很多肌肉把腦袋綁穩當，因爲綁得太結實，腦袋就很難轉動，結果轉頭時需要把身子一同轉過來，否則，脖子上的肌肉就要消耗更多的能量，這樣就根本談不上什麼顧盼生輝。而人類可以方便地左顧右盼，動作不到位時，還會被當作賊頭賊腦。

信息量的大幅增加促使智力迅猛發展，進而成爲個體競爭的重要武器，這場競爭不以槍炮和肌肉爲主要內容，而以智力與技巧爲決勝指標，聰明的人無疑會得到更多的資源。而這又將腦袋升級爲性選擇的重要參考依據，就像是孔雀的尾巴，只不過這次頂在了頭上，更大的腦袋就像是更漂亮的尾巴，容易在性選擇中獲得更多的配偶。

隨著大腦基因研究的深入，人們發現了越來越複雜的影響因素，比如猴子、狗等社交性動物，大腦進化速度要比貓等獨居動物更快，因爲群居和社交需要更多的溝通與合作，對大腦的要求更高。獨來獨往的動物只要管好自己就行，當然不需要太大的腦袋。而人類無疑是社交能力極強的群居動物，以至於網路時代首先發展起來的就是社交網站，社交的需要已深深植根於生活之中，複雜的社交活動也大幅增加了信息量，對智力的依賴性更加深刻，這都需要更強大腦的支援。

所有這些因素中，直立行走是變化的根源，信息量增加是壓力，營養改善是物質基礎，具備了這些要素，大腦完全有理由變大，但不等於必須變大，具體如何變大取決於基因，最直接的生物學基礎仍然是基因突變。

科學家們已經發現了影響大腦發育的基因，這個基因只有一百多個鹼基，在其他動物身上非常保守，數億年來很少突變，比如黑猩猩和雞，二者在進化樹上分開了三億多年時間，卻只有兩個鹼基變異，說明這個基因非常重要，不可輕易改變。

但是，在幾百萬年前，人類的大腦發育基因卻突然加速突變，比其他基因突變快了七十倍，短期內與黑猩猩拉開了十幾個鹼基的差異。進一步的研究發現，這一基因並不表達蛋白，只是對其他基因起到調控作用，相當於一個連鎖開關，打開以後很多燈光將相繼亮起，人類的進化歷程就這樣充滿了光明。

後來，科學家們又陸續發現了幾個影響大腦發育的基因，有些基因一旦突變，人腦將無法增大，呈現小腦畸形。這種基因在胚胎發生期就產生作用，通過調節神經前體細胞增殖而影響腦容量，使得神經元減少，大腦皮層變薄，從而導致智力下降。特別是最近鑒別出的一個基因更讓人吃驚，當它突變時，人腦就會變回四百毫升左右的水準。而這個數字，正是兩百多萬年前露西的大腦水準。

人腦與猿腦分道揚鑣還有一個重要的途徑，就是賦予舊的基因以新的功能，其中涉及基因的複製與倍增，即所謂基因的新功能化，可以在不改變基因序列的前提下獲得新的性狀。通過基因組測序，研究人員已經了解了人類進化過程中的很多基因新功能化事件，都與大腦結構相關。

進一步的研究發現，人類還有一個丟失的基因，現在仍控制著黑猩猩的大腦容量，它位於一個抑癌基因旁邊，並對這個抑癌基因起到調控作用。所謂抑癌基因，就是抑制癌症發生的基因，可以有效控制細胞的分裂與生長，如果抑癌基因失活，細胞分裂將失去控制。極有可能正是這個基因的丟失，導致抑癌基因的活性改變，使得人類大腦神經元增殖提速，智力隨之飛速提升。

另外還有一些零散的證據表明大腦發展的邏輯。約四萬年前發生了一次與腦磷脂相關的突變，而那一時間正好是人類藝術與音樂出現的時期，同時人類也開始大量製造工具，隨後進入新石器時期。六千多年前的一次突變，則暗合了人類書面語言及農業與城市的發展。

比大腦袋更重要的

以受精卵爲起點，人類大腦從無到有到極度複雜化，已是一個可以研究的過程。卵子受精後大約十二天出現神經元。一個月後，簡單的大腦已經形成。第二個月，大腦出現快速生長，比其他所有器官都更快。第三個月是決定細胞神經元數量的關鍵時期，在長達一個多月的時間裡，神經元都在不斷分裂，在這段時間提供充足的營養，大腦將會得到更好的發育，所以，孕婦的早期營養保障非常重要。

接下來，神經元繼續不斷增生並分佈到恰當的位置，像洋蔥一樣層層堆積起來，一共會堆起六層，到胎兒九個月時，一個完整的大腦已基本裝配就緒。這麼大的腦袋，對母親已經形成了威脅，餘下的生長要移到體外進行。

在出生後的兩個半月直到兩歲之間，嬰兒的大腦再次迅速增大，這一時期是神經元形成連接的高峰期，同時也是嬰兒接受大量外界知識的時間。新世界的各種聲光信號一擁而至，嬰兒神經連接同步爆發，速度是如此之快，僅僅唱一支兒歌的時間，他們的大腦已經長出十幾萬個連接。半年之內，小傢伙的大腦要增大一倍以容納新增的神經連接。接下來幾年，腦袋仍然保持快速增長，大概到五歲時，已非常接近成年大腦了。而他們的身體遠遠沒有跟上大腦發育的速度，使得小孩看起來都是大頭娃娃。這是聰明的發育策略，他們選擇首先發育至關重要的大腦，以便擁有更長的學習時間，爲掌握更多生存技能打下基礎。至於身體遲些發育，並不是大不了的事情，因爲大多數事情都可以由父母代爲完成。

令人吃驚的是，人的大腦幾乎不會完全停止發育，就算是二十歲以後的成年人，只要不停止用腦，還會有新的神經元和神經連接持續生成，且不同的刺激可以引發不同的大腦生長方式。事實證明，大腦存在高度可塑性，反覆練習確實可以提高某方面的能力，這也是人類巨大潛力的源泉。或許我們可以通過不斷的努力，不停地從一個人變成另一個人，直到讓所有人刮目相看。

如果僅從解剖學角度觀察大腦，可以說平淡無奇。吃過豬腦的人都知道，大腦像一塊豆腐，而且是品質很差的豆腐，沒什麼味道。事實上，大腦的精細結構極度複雜，成人大腦約有一百多億個神經元，和七百萬平方公里的亞馬遜雨林中的樹木數量相近，另外還有一千多億個神經膠質細胞，那就相當於十個亞馬遜雨林的樹木了。每個神經元與其他神經元之間都存在幾萬甚至十幾萬個連接，如同亞馬遜雨林中的樹葉般密集，彼此形成了極其繁雜的神經網路。眼睛、耳朵、皮膚等感官收集的信號，就在網路之間傳遞、儲存、回憶，最終形成意識和知識。腦袋越大，可以容納的知識就越多，但這並不表明腦容量可以決定一切。

腦容量是表示腦袋大小的重要指標，常被用來衡量不同動物的腦部發育情況。黑猩猩和人類體重相近，腦容量卻只有四百毫升左右，簡直裝不下一瓶白酒，而人類的腦殼可以裝下大約三瓶白酒，當然，那並不是酒量大小的物質基礎。

因爲腦容量小，黑猩猩幾乎沒有額頭，牠們眼睛上面就是頭髮，外加幾道皺紋，看上去老態龍鍾，表情木訥，毫無情趣可言。人類則不然，眼睛上面有好大一塊裸露的皮膚，被顱骨撐得發亮，明擺著是一塊光閃閃的招牌，上面似乎寫著幾個大字：我很聰明。

人類的腦袋不只在靈長類中可以稱王，在哺乳動物中也首屈一指。當身體尺寸大致相同時，人類的大腦約爲其他哺乳動物的七倍。當然，我們不應該和大象或鯨魚比大小，牠們的腦袋大小約是人類的六倍，那只是因爲龐大的身軀需要龐大的腦袋。

我們很容易形成這樣的觀念，腦袋越大的動物越聰明，但只要換個角度解讀，就會得出完全不同的答案。以螞蟻爲例，牠們的腦袋確實很小，我們有理由鄙視其爲螻蟻之輩，牠們簡直都談不上擁有腦袋。不過，生物學道理很簡單，腦袋小並不是被上帝拋棄的結果，而是身體大小決定了神經元的數量，如果螞蟻擁有人類這麼大的腦袋反而是負擔。

蜜蜂會同意這種觀點，牠們的大腦只有一立方毫米，約一百萬個神經元，但仍然能做很多複雜的事情——戰鬥、採蜜、互相交流、飼養後代、清潔巢穴等，有時也需要抓緊時間交配，甚至在蜂巢中爭風吃醋。有人認爲，蜜蜂甚至比嬰兒的學習能力都強。換句話說，牠們腦袋雖小，但並沒有影響生活和繁殖。

時常被人類鄙視的老鼠等齧齒類動物，比人類出現得更早，但依然獐頭鼠目，那是由於齧齒類動物的大腦結構與靈長類完全不同。牠們的神經元大小與腦容量成比例增長，因此，容量增大並不能使神經元數量增多。既然如此，爲什麼還需要大腦袋呢？

這種機制還約束了齧齒類動物的體型，體型越大，需要的腦袋也越大。既然腦袋大不了，體型相應也大不了。正因爲如此，現在的齧齒類動物都是小個子。

假如小鼠想要擁有與人類相同的處理能力，腦袋需要比人腦大出六倍，顯然，對於牠們來說，頂著十公升水桶那麼大的腦袋是不可能的任務，所以只能接受較小的腦袋。重要的是，那麼小的腦袋已經夠用了，牠們生活得很好，繁殖也很成功，總體數量比人類還多，何況人家一直生活在惡劣的環境中。

所以，腦袋並不是越大越好，那只是身體應對環境的工具而已，超出標準的工具就會變成累贅。如果腦袋眞的越大越好，每種動物都應該努力放大自己的腦袋，這個世界將存在各種智慧生物與人類一較高下的奇幻局面。但事實卻是，更大的腦袋可能會帶來更大的麻煩，因爲那可能需要付出更大的代價。

大腦袋除了造成生育困境，還會消耗更多的能量和營養，而動物攝取營養的能力與消耗水準基本已飽和，一旦提出了額外的物質需求，就需要其他部位做出相應的犧牲。也就是說，腦袋變大可能需要以其他器官變小爲前提。

有一種小小的孔雀魚被選作實驗動物，用以測試大腦與其他器官的比例關係。之所以選中孔雀魚，不只是爲了觀賞，主要是這種漂亮的小東西竟然有簡單的數學計算能力，基本可以作爲智力的參考指標。

孔雀魚與其他魚類的產仔方式不同，牠們可以直接生出小魚，這種生育方式叫作卵胎生，後代數量非常明確，生下幾個就是幾個，和產卵後體外孵化的方式完全不同，可以更方便地計算生育效率。

研究人員運用人工選擇得到了腦袋更大的孔雀魚，結果發現，在腦袋增大的同時，牠們的腸道都有不同程度的縮小，且縮小比例大大超過腦袋增加的比例，提示增大腦袋代價更高，甚至是增加腸道代價的兩倍。這給孔雀魚帶來了嚴重的影響，牠們有時雖然表現得更聰明，但因爲腸道吸收能力降低，營養水準跟不上，結果導致後代數量明顯不足。這是典型的得不償失，人類也無法逃脫這種制約。

很多動物，特別是食草動物，腸道都是百轉千回的。而人類的腸道明顯縮短，那正是腦袋增大的代價。好在優秀的大腦可以展開更有效的捕獵和採集活動，人類可以吃到更爲精細、容易消化的食物，因而獲取更爲豐富的營養回報，對腸道的依賴性也比牛馬等動物大爲降低。這是典型拆東牆補西牆的策略，卻收到了意外的效果——腦袋越大，腸道越短，我們的身材也就更加好看。

現在看來，很多動物都面臨著營養與智力的平衡問題，只有人類能夠承受意外損失，從腦袋增大中得到的好處遠大於損失。

我們的腦袋正在越變越小

在很長一段時間內，學術界都對人腦容量的迅速增加津津樂道，但熱心研究克羅馬儂人的法國學者突然有了意外發現：從兩萬多年前起，人類的腦袋竟然又開始變小了！有確鑿的證據表明，那時克羅馬儂人的腦袋比現代人大了近五分之一，也就是說，兩萬多年來，人腦平均減少了兩個雞蛋那麼多的容量，而且男女同步成比例減少。這是怎麼回事？好不容易進化出來的腦容量爲什麼又縮水了？

有人認爲，大腦變小是運動量減少的結果，特別是農業與畜牧業的出現，使得人類待在屋子裡的時間更多，只是偶爾出去放牧牛羊或者收割莊稼，缺少整天在原野上劇烈追逐的激情與活力，因而對大腦的需要量降低。由此得出的結論很悲觀：人類變蠢了。

另一些學者認爲不必妄自菲薄，小一點兒的腦袋消耗的能量更少，工作效率反而會更高，就像是小小的智慧手機，計算能力並不比笨重的家用電腦差。考慮到人類燦爛輝煌的文明主要是近兩萬年內創造出來的，這一說法似乎也有道理。換句話說，變小的腦袋使人類更聰明，倒是此前那些大腦袋的傢伙幾乎一事無成。

根據簡單的邏輯，這一正一反兩種觀點，必然有一個是錯的，那麼到底誰更有道理呢？

當人們急切期待高手出場判決這場爭論的勝負時，沒想到等來的卻是一大群騎牆派，他們站在兩種觀點之間，不支援任何一方，認爲那完全沒什麼好大驚小怪的，人類的大腦本來就在大小不定地變來變去。當某個地區人口密度偏低時，頭骨就會擴大；當人口密度由稀少轉爲稠密，頭骨尺寸又會縮小。也就是說，日趨複雜的社會出現後，我們無須再像以往那樣機敏就能生存，而必須專注發展某項特長，不必再兼顧多種技能，所以，一些腦部功能必須退化。

大腦變小只是知識結構變化造成的，而不是智力降低造成的，我們並沒有變得更笨，當然也沒有變得更聰明。我們似乎感覺比早期人類懂得多，其實，早期人類在某些方面比我們懂得更全面。有些土著孩子，很小就知道上百種草藥的用途和名稱，而現代人則對此一無所知，甚至不辨菽麥。山雀一年四季都在改變腦部的結構，當需要在秋天收藏種子並記住收藏地點時，腦袋就會相應增大。春天到來時，萬物滋生，水草豐茂，到處都是青蟲和花蜜，牠們的腦袋又變小了。這樣看來，無論腦袋變大或者變小，只要在合理的幅度內，就沒必要擔心或者興奮。

相應的研究也證明了這一觀點，即大腦各部分並不是按比例減少，現代人大腦的部分功能區域比例反而明顯增大，例如與語言和注意力相關的區域就佔據了更大的面積，這表明現代人確實做出了某些取捨。這很容易理解，整天坐在空調辦公室裡對著電腦的上班族，何必發展對付獵豹的能力呢？

但人腦變小總讓一些人感覺不舒服，他們無論如何沒有想到，人腦竟然並不是想像的那樣卓爾不群。爲此，有人找到了一個新的指標，就是大腦與身體表面積之比——身體表面積越大，則皮下分佈的神經末梢就越多，對大腦的處理能力要求也就越高，腦袋也應該越大。但用這一指標來衡量時，人類仍然不突出，反倒是那些小型動物，牠們個頭很小，相對體表面積反而更大，腦袋與相對體表面積之比竟然一舉超越了人類，這讓很多人沮喪不已。

事實情況可能更爲複雜。長時間以來，長臂猿的腦袋也在不斷變大，而身體卻在持續變小；可是，大猩猩在腦袋變大的同時，身體也變得更大。無論在物種之間還是在物種內部，都找不到大腦進化的簡單趨勢。腦袋型號差異只與生命的模式和所處的環境有關，而與起源的時間沒有直接關係，甚至與體重也沒有直接關係。只有結合特定的環境加以具體分析，才會明白，大腦只是對特定環境做出特定反應的結果。自然環境各不相同，不同的大腦呈現的變化趨勢自然也不相同，這正是生物多樣性的根源。

人類的大腦發育完全適用相同的原理，沒有單一的指標表明，人類的大腦在動物界最爲獨特。所有細節都符合自然選擇的原理，並沒有超乎自然的奇蹟發生，所以人腦絕不是上帝特殊關照的結果。人類之所以比黑猩猩聰明，是因爲人類必須比黑猩猩聰明；之所以必須比黑猩猩聰明，是因爲人類面臨著特殊的身體情況，比如直立行走、皮膚裸露，以及由直立行走帶來的生育困境等，都對大腦提出了極爲特殊的要求，否則就將被不斷淘汰。

一切都順理成章，雖然都頂著工作原理類似的大腦，但因智力與身體的完美協作，我們可以坐在電腦前玩種菜、打獵遊戲，而黑猩猩依然在叢林裡到處尋找無花果。不過，這在生物本質上並無高下之分。

愛因斯坦的困惑

現在，我們不必再與那些禽獸糾纏，我們更關心另一個現實的問題：當人與人互相比較時，腦袋大小到底有多重要？或者說，腦袋大的人更有智慧嗎？

這個問題，科學家已爭論了上百年之久，曾是科學史上最著名的論戰之一。論戰爆發時，兩派學者赤膊上陣，在與對方叫罵的同時發表了大量論文，這些論文的戰鬥色彩遠大於學術價值，能呈現生動的科學家課外形象。最後，這場爭論意外地以一個旁觀者刻薄的評論而拉下帷幕，那傢伙惡毒地說：我經過長期觀察，得出這樣一個結論，凡是否認腦容量與智力有關的人，本身腦袋都不大。

一擊致命！

從那以後很長一段時間內，很少再有人否定腦袋大的人更聰明，有好事的學者還根據頭顱大小，給動物的智力做了個排行榜。

但這並不表明戰爭結束，隨著對人類生物本質的認識越來越清晰，這場戰爭再次開打，只不過方式有所變化，有了更多的實驗而更少去論辯。

奇妙的是，愛因斯坦悄悄用自己的大腦給這場戰爭做了一次裁判。沒有人懷疑愛因斯坦聰明，愛因斯坦自己也不懷疑，他決定死後把腦袋捐獻出來讓生物學家研究，以便找出他聰明的根源。

一九五五年，愛因斯坦去世後，這一承諾得以兌現，他的大腦不但保留下來，還被切成兩百四十片。當時人們剛剛意識到大腦研究的重要性，很多學者爭先恐後必欲得到一塊切片而後已，他們都希望從那個神奇的大腦中找到智力的線索，但得出的第一個確切結論卻是：愛因斯坦的腦容量並不比普通人的大。更誠實一點說，他的腦容量甚至低於普通人的平均值。

這一結果顯然不能令人滿意，愛因斯坦的大腦未必其大如斗，但也不應該小於普通人吧，其中必然有新的解釋才對。此後，很多學者付出了更多的努力，也確實發現了一些與眾不同之處，但沒有一條能夠證明那和智力有直接的關聯。相反，再次令人失望的是，倒是有更多確切的證據表明，那個神奇的大腦在生物結構上似乎確實很普通。

後來有項研究終於得出一個非凡的結果：愛因斯坦大腦皮層中的神經元與神經膠質細胞的比例相對較低。當時，研究小組正準備宣佈那意味著某種超凡智力的基礎，然而事與願違，醫學專家很快指出，那種奇怪的比例只能導致自閉症，而不是聰明。

事實似乎正是如此，愛因斯坦確實具有一切自閉的症狀——他很晚才學會說話，生活很封閉，很少與外界聯繫，做事心不在焉，經常丟三落四。據說有一次，他專門打電話到警察局問愛因斯坦家在哪，因為他本人出去散步時迷路了。所有這些，都曾被視作天才科學家的標準風範，誰能想到在現代醫學那裡，全部都是自閉症的表現。儘管愛因斯坦曾不屑地辯解說，自己說話晚是因為想一開口就說出完整的句子。他當然有資格這樣吹噓，因為他畢竟提出了相對論。

迄今為止，對愛因斯坦大腦的研究，沒有得出一項令人驚嘆的結論，與其非凡智力掛鉤的努力基

▲腦袋大的人更有智慧嗎？愛因斯坦決定死後把大腦捐獻出來，以便找出他智力超群的原因。結果，他的大腦被切成 240 片，很多學者爭先恐後研究，得出的第一個確切結論卻是：愛因斯坦的腦容量並不比普通人大。

本付諸東流。論文是出了不少，但大多是無關痛癢的自娛自樂。有人甚至得出這樣的結論：具備愛因斯坦大腦的人很多，重要的不是大腦，而是學習的機會和思考的興趣。從這個意義上說，我們無須輕率地盛讚某個人是難得的天才，幾乎每個人都有取得非凡成就的潛力，但看潛力挖掘的程度如何。

現在傾向於認爲，腦袋尺寸確實不能代表一切，腦容量與個人的成功沒有直接的因果關係。侏儒症與巨人症是特殊的證據，侏儒的腦袋雖然相對較小，但智力卻比巨人症患者要好。

另外一個反證是女人的大腦。早期學者一直堅持認爲女人不如男人聰明，亞裡斯多德就是代表。顯而易見，女人的腦袋似乎比男人的小一些，那不是偏見，而是人人可以觀察到的事實。但現在我們知道，當受到相等的教育後，女人的智力表現絲毫不弱於男人，她們腦袋小只不過是由於身材相對較小而已。

然而不能否定，男人和女人在智力方面似乎確有差別。比如在電腦前，男人更喜愛打魔獸，女人則偷菜的多些；棋類比賽必須男女分開進行，否則女人很少有奪冠的機會；但是，在照料孩子方面，女人則更爲得心應手。這些區別主要源自男女不同的社會分工和自然分工，不同的工作對大腦的要求不同，因此形成的能力也不同。這種不同與高下無關，只與需求有關。

爲簡潔起見，不妨把大腦看作一張地圖，劃分爲很多區域，每個區域分管不同的工作，有的負責語言，有的負責空間定位，有的負責舉止行爲，此外還有負責情緒、注意力、閱讀能力、理解能力等功能的區域。某個區域越活躍，相應的能力也就越強。

定義天才的難點在於，你不能全面衡量所有區域的整體水準。要是只以單獨區域作爲標準，說不定精神病人的表現更為搶眼，他們的某些大腦區域會處於高度活躍狀態。有很多具備奇怪記憶能力的所謂最強大腦，在日常生活中都沒有真正超越平凡之處。所以，從生物學角度觀察，這世界並沒有所謂的天才，那只是社會輿論對某種特殊才能的特別稱謂，仍然是生物多樣性的表現。

不靠譜的智商測試

早期人類沒有專業分工，大概就是誰留下的後代多誰就算成功，但這條標準放到現在肯定行不通，很多公認的智慧人士都獨守終身，有的哲學家甚至寧願站在曠野大地等著流星把自己砸死，雖然很難如願，至少也算是極有誠意的死法。

我們耳熟能詳的達文西、笛卡爾、康德、尼采、牛頓等人，大多連一個後代都沒留下。以此衡量，他們可謂徹底失敗。

但人類總有一比高下的欲望，特別是在智慧方面，雖然不可能制定出完美的標準，還是有人採取了行動，那就是智商測試。人類特別愛做這種事情，結果測來測去，反而測出了一個大麻煩。

紐西蘭科學家弗林（James Flynn）仔細研究了二十一個國家幾十年來的智商測試結果，發現美國人的智商一直呈上升趨勢，平均每十年提高三分。這種趨勢後來被命名為「弗林效應」，這一研究結果發表在一九八三年的一期《自然》雜誌上，立即引起了轟動，一度被認為是裁決先天與後天之爭的有力證據。後續的觀察證明了他的判斷，人類智商自一九九〇年系統記錄以來，一直在穩步上升，這意味著我們似乎比父輩要聰明很多。

然而，這引出了一個反常的推論。如果把當前的智商標準分值定為一百，根據這一上升趨勢向前

▲人類智商自 1990 年系統記錄以來，一直在穩步上升，這意味著我們似乎比先輩們要聰明很多。然而，如果根據這一趨勢向前反推，似乎我們的祖先不是白癡就是弱智。牛頓、伽利略等人必然會強烈抗議……

反推，似乎百十年前我們的祖先不是白癡就是弱智。很明顯，牛頓、伽利略等人絕不會同意。

爲什麼會出現如此奇怪的矛盾現象呢？

雖然有很多理論試圖解決這一難題，但都沒有強大的說服力。其實，這種超乎尋常的現象可能只有一個合理的解釋，那就是智商測試根本沒有意義，那並不能衡量什麼，也不代表什麼，只是一個遊戲罷了。智商數值的提高，只表明做這些題目比以前更加熟練，僅此而已。已有學者指責智商測試是一場巨大的騙局。但因爲已經形成了龐大的產業，在一定程度上也能滿足人們的某種好奇與自負心理，所以仍然會長期存在。

很多中國人對智商測試都不感興趣，但一年一度龐大的高考陣容爲我們提供了另一個觀察視角。有研究表明：從一九七七年恢復高考，到二〇〇八年爲止，總計產生了一千一百多名各種考試「狀元」，這些花樣繁多的「狀元」並沒有給我們帶來眞正的驚奇，他們畢業後很少在職業發展中出類拔萃，成就遠低於社會預期。聞名全國的科大少年班也面臨著同樣的尷尬，有人索性出家了事，以此躲避激烈的社會競爭。反倒是那些取得了一定成就的社會人士，卻常常面臨著假學歷等指責。更爲有趣的是，經商成功者讀的學歷往往不高，而爲他們工作的卻不乏所謂名校精英。

這些問題涉及智慧的定義：到底什麼是智慧？

創作《紅樓夢》的文學大家曹雪芹與程式設計高手比爾．蓋茲之間，誰更有智慧？輻射化學的開拓者居禮夫人和現代分子生物學奠基人華生（James Watson）之間，誰更有智慧？生活不能自理的數學家陳景潤和同樣生活不能自理的霍金之間，誰更有智慧？

通過簡單的對比就可以知道，智慧不能單純而籠統地加以比較，而必須被進一步細化，比如數學能力、語言能力、文字能力、抽象思維能力、空間想像能力、繪畫能力等。我們可以這樣說：曹雪芹的中文書面表達能力比較強，而霍金的宇宙抽象思維能力比較強。

既然有這麼多可以細分的標準，衡量兩個人的智慧差異時，又該以哪個標準為依據呢？如以中文表達能力計，曹雪芹的排名無疑在霍金之上，霍金就算嘴上不說，心裡肯定也有意見，他的意見將代表一大批人的意見，甚至連愛因斯坦都會因此而大發雷霆——他的繪畫能力比不過畢卡索，音樂能力比不過貝多芬，而拳擊能力又比不過泰森，他簡直一無是處。

這種現象看似複雜，本質卻很簡單，智慧本身具有複雜性與多樣性，根本沒有必要，也不可能用單一的模式加以衡量，那是想像力、理解力、感知力、直覺、靈性以及身體條件等組成的複雜的綜合系統，至今仍然沒有得到清晰的認識和研究。但我們知道其中蘊含著巨大的創造力和開拓精神，與人體其他部分密切合作，形成了無法阻擋的前進動力。人類的進步是綜合作用的結果，厚此薄彼的思想或測試方法註定自相矛盾，並且毫無意義。

基於這種觀念，人類的智慧應該理解為大致相當，些微的差別只不過是觀測角度不同所致。不可因自以為高人一等而興奮，也不必因低人一分而自卑。從這個角度理解「生而平等」將更有意義。

總而言之，因為我們有這樣的身體，所以我們需要這樣的大腦；因為有了這樣的腦袋，所以有這樣的智力去指揮這樣的身體。學習能力的提高只是大腦的副產品，然而正是這個副產品，使人類走上進化發展的加速通道，用極其特殊的方式帶來了更為深刻的改變。特別是腦袋增大導致的生育困境，竟然通過離奇曲折的途徑把我們引向了文明，雖然那可能並非大腦進化的初衷，但自然選擇再次用詭異的聯繫向我們展示了造化的神奇。

第五章　關於性愛這件事

像人類這樣沉迷於交配的卻少之又少——傳宗接代並不需要無休止的性愛，這種小事只要在發情期做幾次就可以了。在其他動物眼裡，人類簡直「淫蕩至極」，他們在床上花費大量時間和精力重複枯燥的工作。他們關起門來做愛，可以在床上，也可以在車裡，間或在沐浴時。人類顯然以性愛為娛樂，並把情色元素擴充到社會生活的各個角落。

我小時候曾親眼見過一件趣事。有一天，我們頂著烈日在田裡忙著收麥子，俗稱搶收，家家戶戶男女老少齊上陣，田野裡一片熱火朝天的繁忙景象，忙到中午也沒空回去吃飯。鄰居大伯餓得受不了，就叫伯母回去做飯。結果伯母回去了，卻直到日頭偏西也不見人影，正當大伯煩躁不安時，伯母才提著一籃糖餅和開水慢慢回來了。大伯見了氣得兩眼冒火，跳腳指著伯母就罵：「你是回家跳河去了爬不上岸來，這半天做不好一頓飯！」誰知嬸子不急不躁，扭捏了一下，笑眯眯地說：「我回去又給你生了個兒子，收拾好了才做飯，這麼著就弄遲了。」大伯好不容易聽明白了，再看看嬸子的肚子，果然空了下去，這才急忙叫嬸子坐下來休息，吩咐幾個孩子小心看護好。自己提腳跑回去一看，可不是嗎，床上放了個包好的小孩，剛生下來幾個鐘頭，算起來這是他的第八個孩子，就給起名叫作八哥。

雖然生孩子在當地不是什麼了不起的事情，但生完孩子自己收拾了又做飯送下地，仍然是奇聞，一時間在鄉裡傳爲笑談。這件事之所以稀罕，是因爲生孩子對大多數婦女來說都是極爲嚴峻的考驗，絕不是如此輕描淡寫的簡單小事。在現代醫學出現之前，分娩是育齡女性的首要死因，這就是所謂的生育困境，有時又稱分娩困境。造成這一困境的根本原因就是胎兒的腦袋，而這一切要從直立行走給女人帶來的變化說起。

相比於男人而言，直立行走對女人的影響更爲劇烈，關鍵在維繫人類傳承的骨盆上。雌性猿猴的骨盆又長又細，而女人的骨盆又寬又扁，這樣可以附著很多大塊肌肉，方便穩住上半身和拉動大腿前進，大大提高了直立行走的效率，但同時副作用也很明顯。直立行走的人就像是兩條腿的板凳，當然不如四條腿那樣穩當。加上行走時需要兩條腿輪流前進，如果兩腿之間的距離過大，一條腿抬起來時，另一條腿就會站立不穩，兩腿距離越遠，穩定性越差，所以雙腿間隔必須縮小，小到可以併攏的程度。而黑猩猩都是O型腿。人類的兩條腿不能像其他動物那樣分得很開，因此骨盆就不能太寬，這對男人的影響並不大，他們不需要生孩子。但對女人而言，骨盆不能太寬的意思就是，胎兒出生的通道必須收窄。而且直立行走需要極其粗壯的大腿，這都會佔用骨盆空間——我們沒辦法讓大腿長到別的地方去——胎兒的出口又被進一步壓縮。

總而言之，直立行走導致分娩通道變窄，育齡婦女的產道直徑在生產之前甚至只有針孔大小。可就在產道被不斷壓縮的同時，人類的腦袋卻由於直立行走而不斷增大，這一大一小之間出現了嚴重的衝突。人類必須解決這個矛盾，以便讓更大的腦袋順利通過更小的產道。人類的所有後代都由女性生養出來，一旦生育通道被切斷，便意味著種族滅絕，而不能解決這一困境的其他原始人都已消失了。

現代人有一套全新的策略避免生育困境，那就是剖腹產。剖腹產比例近年來直線上升，許多地方超過了百分之五十，比世界衛生組織宣導的比例高出兩倍多。

爲什麼不鼓勵剖腹產呢？因爲研究發現，剖腹產背後竟然隱藏著一個小小的進化玄機——生育困境對於嬰兒的後續成長可能是必需的，而不僅僅爲了給女性製造痛苦。產道有節律的收縮和壓迫，能鍛煉胎兒的肺部，擠出積貯在呼吸道中的羊水及黏液，爲建立自主呼吸創造有利條件。如果不經過產道自然分娩，有可能導致某些疾病發病率的增高。一千個自然分娩的新生兒中，患呼吸窘迫綜合症的只有兩名左右，但剖腹產嬰兒的患病比例是前者的二十多倍，其部分生理指標和發育速度也都弱於自然分娩的新生兒。

此外，剖腹產嬰兒由於沒有經過產道的強力擠壓，體表神經末梢沒有受到最全面的刺激，無法有效喚醒神經系統，因而缺乏必要的觸覺和本體感覺，在成長過程中容易出現情緒敏感、注意力不集中、手腳拙笨、動作不協調等缺陷，同時對智力發育也有所影響。由此可見，經由產道擠壓不僅僅是一種生產方式，而且是嬰兒成長過程中的重要環節。所以，剖腹產並不是解決生育困境的最佳手段。胎兒出生時需要擠壓，女人的產道正好可以提供最全面的擠壓服務，這絕不是巧合，而是自然選擇的絕妙設計，同時也是生育困境的本質意義。

原始時期沒有剖腹產，生育困境對女人而言是實實在在的生死考驗，她們該如何應對這一巨大的挑戰呢？

我們都是早產兒

在自然條件下，生育困境理論上可以有三套解決辦法：一是用力擠一擠，把胎兒強行擠出來；二是不讓胎兒的腦袋長得太大；三是把胎兒的腦袋變軟一點。

事實上，這三套方案女人都在採用。

第一套方案正是女人生產時痛苦的根源——胎兒確實是被硬擠出來的。這個過程充滿了曲折與艱辛。產道並不是胎兒的綠色通道，而是因直立形成的一個彎道，胎兒必須在產道內先來個轉彎，在無人領路的情況下再做兩次旋轉，配合產道的猛烈收縮，通過大頭的猛烈衝撞不斷探索正確的出口，這對女人來說無疑是個嚴峻的挑戰。

女人不僅要忍受大頭的衝撞，還要應付胎兒的鎖骨，那是古猿適應樹上生活的裝備，是在叢林間盪來盪去摘果子吃的本錢。鎖骨導致胎兒的肩膀不能像手腳一樣折疊起來，而必須隨著大頭一同旋轉，這又進一步加劇了對產道的撞擊，有時還會被骨盆卡住，引發難產不下，或者導致產道嚴重撕裂大出血，進而造成母子雙亡的慘劇，所以生產對寶寶和媽媽來說都是名副其實的鬼門關。女人生孩子時往往聲嘶力竭、痛不欲生，甚至有人發誓以後再也不碰男人。分娩困境的眞實存在，使生育成爲驕傲的資本。

有人認爲，女性生育時的劇烈痛苦，其實也是一種進化策略，她們是在用慘烈的吶喊向男人表明自己的努力與不易，這樣會給男人施加強大的心理影響，從而對女人更好一點，提供更多的營養保障與關心，並與她們共同撫養後代。這可能有一定的道理。大部分靈長類動物生孩子都採取自助式。黑猩猩的胎兒成熟以後會飛快進入產道，然後直通通地一下子掉了出來。出生時小臉朝上，黑猩猩媽媽可以很方便地把嬰兒拉上來，咬斷臍帶，呑下胎盤，舔淨羊水，把小傢伙摟在懷裡。整個過程如同家常便飯，無須任何同類幫助。

但人類自從直立行走以後，就很少享受便簡快捷的自助式生育的樂趣。人類的胎兒一般是大頭先出來，而且是後腦勺向著媽媽，媽媽很難伸手勾到嬰兒，因此無法引導嬰兒降落並保護嬰兒脊椎，也無法及時清潔嬰兒的呼吸道，更無法解開嬰兒脖子上纏繞著的臍帶。而且，媽媽把胎兒擠出產道後就已經筋疲力盡了，此後的所有事情都需要他人的護理。這正是全世界婦女在分娩時都需要尋求幫助的緣故。

眞正麻煩的是，生完孩子並不意味著大功告成，事情還遠沒有結束。當嬰兒降臨到這個世界以後，媽媽仍將面臨現實的養育困境，那正是採用第二套方案的後果。

第二套方案是不讓胎兒的腦袋長得太大，較小的腦袋當然更容易通過產道，但過小的腦袋無疑不能容納足夠的神經元，因而無力滿足強大的計算要求。女人採用了折中的策略，就是不讓胎兒的腦袋在子宮中長全，其餘部分等到出生以後再繼續。要達到這一目標，只能提前生產。

理論上而言，人類正常的妊娠期應該是二十一個月左右，而不是現在的四十週，大約有一半的妊娠歲月被移到了體外進行。出生後的嬰兒，必須繼續發育沒有成熟的身體，特別是大腦，那時已不必擔心對母親產道的傷害，但與此同時，提前出生的嬰兒體格特別柔弱，根本不具備獨立生活的能力。不存在生下來就到處亂跑的嬰兒。所以，嚴格來說，我們都是早產兒。

如果人類眞像斑馬、羚羊那樣，落地幾分鐘就可以在草原上縱橫往來，就會失去維繫家庭關係的重要紐帶，從而抑制了對智力和文明的強大需求，使人類一直停留在動物層面。所以，早產的嬰兒是人體進化的重要成果。

爲了強化對父母的依賴，胎兒在子宮中的最後任務並不是長身體，而是修飾面容，讓小臉儘量變得肥嘟嘟的，好看些，可愛些，這樣才能讓父母喜歡。他們出生以後，除了呼吸和心跳，大部分生理需求都交由父母代勞，包括有些免疫能力也需要從母乳中獲取，更不要說營養、行動、保暖和大小便清理了。他們的肺部異常發達，哭聲異常響亮。那其實是按鈴服務開關，鈴聲一響，父母就必須飛快趕到，就算他們正在做愛也不行，所以，夜哭的孩子在某種程度上可以緩阻母親生育下一胎的速度，從而讓母親投入更多的精力照顧自己。

體外繼續生長是人類應對生育困境的重要手段，也是嬰兒需要較長哺育期的根本原因，他們需要父母撫養的時間是所有陸生哺乳動物中最長的。只有在父母的細緻照料下，他們才能繼續保持快速生長的勢頭，尤其是大腦，比所有靈長類動物膨脹得都要快。人類出生後第一年，攝入的熱量有大約百分之六十供給大腦，稍有缺失就會影響大腦發育，這都只能依賴父母提供。而在人類進化早期，尤其在農業出現之前，要想保證孩子的大腦發育需要，母親就得花費更多的精力採集野果，懶惰的母親很難養活孩子。這種依賴是如此漫長，很少有動物像人類這樣，到十幾歲才進入性成熟期，我們生命有幾乎三分之一的時間都在生長。

其他動物很少有這些麻煩，很多哺乳動物的大腦在出生後基本完成了生長，顱骨完全骨化，與成年後的大腦相差無幾。牠們也需要吃奶，但時間不會太長。梅花鹿在眼睛還沒有完全睜開時，就已經試著吃草了。人類的母親沒有如此省心的孩子，一切都源自大腦袋造成的生育困境。

第三種解決方案是把胎兒的腦袋變軟一點。這看起來幾乎是不可能的任務，胎兒的頭顱被一層顱骨包圍，很難像饅頭一樣揉來揉去。但很難不等於不可能，胎兒的腦袋還眞有變形能力。助產士都知道，胎兒剛出生時，腦袋又長又尖，那正是被產道擠壓的結果。胎兒顱骨上的骨縫沒有完全閉合，留下了足可擠壓的空間。骨縫把顱骨分成六塊，像七巧板一樣拼接在一起，板與板之間有兩個明顯的孔洞，俗稱囟門。我們最熟悉的是前囟門，在頭頂前部，由兩側頂骨與額骨相接而成，大約有一元硬幣大小，可以從中看到血管跳動，一般在兩歲左右閉合；順著骨縫向後就是後囟門，閉合時間比前囟門要早。這兩處孔隙的閉合時間，決定了腦袋可以長多大，閉合越遲，腦袋可能長得越大。但也不能總也不關閉，那樣肯定會讓父母的腦袋變大。

正是骨縫和囟門的合作，使得腦袋大小具有較強的可塑性，在分娩時更易於通過產道，並在出生後繼續發育。這種策略既保證了產婦的安全，又保障了腦袋大小不會受到產道的嚴格制約。

通過這些複雜的策略，女人終於可以用較小的代價獲得較大的生育收益。但在原始條件下，分娩仍會造成百分之十左右的死亡率，這是人類爲直立行走付出的巨大代價，這代價主要由女人來承擔。

特別是在古代，缺乏有效的止疼藥，人們只能相信生育的痛苦是上帝的懲罰。上帝對女人說：「我必多多加增你懷胎的苦楚，你生育兒女時也要多受苦楚。還要讓你永遠依戀你的丈夫，讓他當你的主宰。」

儘管女性承受了如此明顯的生育困境，導致人類的生育速度明顯降低，一次懷孕大多只能生育一個後代，但卻沒有影響人口的爆炸性增長，這是爲什麼呢？

要弄明白人口快速增長的玄機，先來算一筆小帳。雌性黑猩猩平均五年生育一次，性成熟後至少要生育兩胎並撫養成活，才能基本保證種群數量不會減少。要做到這一點，每隻雌黑猩猩至少需要二十年壽命，然而要想讓種群興旺，只產兩胎明顯不夠，那樣只能維持種群數量平衡，保證每一個後代都活到成年也是艱巨的任務。爲保險起見，如果想要再多產一胎，則至少要再多活幾年。但在野外環境下，想活多少年並不是由本身意志就能決定的。現今，黑猩猩的野外平均壽命可以達到三十歲左右，在不受人類干擾的情況下，扣除幼崽死亡率，基本可以保持種群平衡——數量不會大幅減少，也很難迅速增加。這就是牠們難以像人類這樣佈滿全球的原因之一——生殖效率達不到這個高度。

人類要想人丁興旺，無外乎兩條途徑：一是延長女人的壽命，二是縮短生育週期。延長壽命在遠古時期很難做到，否則每個人都將成爲老壽星。就算女人的壽命得到了延長，也會因爲卵細胞衰老而不再適合生殖，絕經期會在大致固定的時間如約而至。所以，最佳方案是縮短生育週期。

人類正是這樣做的。在自然條件下，生下早產兒的好處是大大減少懷孕時間，從而及時清空子宮，儘早爲下一胎做好準備工作，所以，女人的正常生育週期是三年，嬰兒出生兩年後停止餵奶，可以再懷第二胎。也就是說，平均三年就可以懷孕一次。這比黑猩猩平均少用了兩年，同時也意味著可以多生育幾個後代。

然而，頻繁的生育爲女人帶來了意想不到的沉重負擔。由於嬰兒在體外繼續發育生長，需要母親無微不至的細心照料，不然小傢伙就會毫不客氣地放聲大哭，甚至到斷奶以後仍然會跟在媽媽身邊直到成年，他們從一生下來就做好了吃定媽媽的心理準備。

人類的母親已經全力以赴了，她們極有可能左手抱著一個，右手拉著一個，後面跟著三四個，肚裡還懷著一個。這樣大搞生殖工程的母親，不可能有太多的精力去採集足夠的食物來填飽肚子，她們必須依靠別人來完成這項工作，否則後代可能一個也活不了。但誰會心甘情願地替她們做這種費心費力費時間的事情呢？當然是那個在她體內射精的男人。

但問題是，她該用什麼樣的手段留住這個男人？

▲左手抱一個，右手拉一個，後面跟著三四個，肚裡還懷著一個，這樣大搞生殖工程的母親，不可能有精力去採集足夠的食物，她必須依靠別人來養活自己和孩子們。但誰會心甘情願做這種事情呢？當然是那個在她體內射精的男人。

上天為什麼偏愛女人

在沒有法律制度的原始社會，靠什麼來吸引並留住花心的男人，是女人迫切需要解決的現實問題。事實上，可供女人選擇的手段確實很少。男人可以自己養活自己，無事時雲遊天下、浪跡天涯。如果不提供一個強大的理由，他們確實很難被乖乖地拴在女人身邊。但生育困境帶來的諸多麻煩，又使得女人必須把男人拴住。

有時候手段並不需要太多，也不需要太強硬，關鍵看能不能擊中要害。而女人恰好擁有這樣一套複雜有效的「拘留手段」。數百萬年來，她們不斷強化籠絡技術，持續提高對男人的掌控能力，使男人拜倒在自己的石榴裙下，俯首貼耳，甘供驅使。

這又是怎樣的高超手段呢？

坦白講，這個手段就是持續發情，爲男人提供源源不斷的性快樂。

男人有理由享受性愛，畢竟他們不用承擔任何肉體風險，也不會懷孕。但女人不同，她們在激情過後需要承擔極大的風險。如果見過產婦撕心裂肺的慘狀，她們就會知道生育困境這個學術名詞到底意味著什麼。就算一切順利，也會生下一堆不斷索取食物的孩子來，繼而需要沒日沒夜地辛勤勞作，才能塡飽那些嗷嗷待哺的小傢伙。所以，頭腦清醒的女人都應該努力避免懷孕，進而避免性愛。可是她們卻完全不考慮這些，還似乎樂在其中。

從表面上看，性愛似乎沒什麼好玩的——動作單調、情節粗糙，從開頭就可以預知結尾，遠沒有其他娛樂項目有趣。但男男女女卻常常沉浸其中不能自拔。

有人認為原因並不複雜，只有享受性愛才能傳宗接代。可所有動物都需要傳宗接代，但像人類這樣沉迷於交配的卻少之又少——傳宗接代並不需要無休止的性愛，這種小事只要在發情期做幾次就可以了。在其他動物眼裡，人類簡直「淫蕩至極」，他們在床上花費大量時間和精力，重複枯燥的工作。他們關起門來做愛，可以在床上，也可以在車裡，或是在沐浴時。人類顯然以性愛為娛樂，並把情色元素擴充到社會生活的各個角落，新聞媒體塡滿了各類緋聞，大街小巷不時傳說著偷情的故事。可是，女人一個月只排出一枚卵子，男女交配大部分時間都在做無用功。

如果其他動物也這麼幹，後果將不堪設想。那會導致注意力分散，警惕性降低，逃跑不及時，很容易被捕食者獵殺。就算是獅子這樣的頂級殺手，也不會把過多的時間用於交配，牠們雖然沒有被獵殺的風險，但會浪費太多的營養與能量，特別是浪費了本來可以用於捕獵的時間——並不是所有的肉食都是主動送上門來的。更多的風險來自獅子本身，為了爭奪交配對象，牠們往往容易大打出手。可以想像，一個獅群總是處於極度的狂暴之中，肯定很難維持下去。所以，發情時間必須有所節制，或者說，交配期越短越好，交配時間也要緊湊快捷。

為了應對生育困境，牢牢拴住男人，提供強大的性愛樂趣，女人或者說女人的身體，為此做出了巨大的改變，她們在改造自己的同時也在改造著男人。這是一個長期博弈的過程。

女人做出的第一個改變，是延長性享受時間。爲此，她們不只在排卵期爲男人提供短暫的性樂趣，而且把享樂時間延長至性成熟以後的每一年中的每一天。對男人而言，那絕對是一種奢侈的福利。爲了確保足夠的吸引力，即使是在懷孕以後，女人仍然可以做愛。

女人做出的第二個改變，是使性愛變得有趣。年復一年、日復一日、不厭其煩地持續做同一件事情，那件事情就必須有趣，否則沒有道理全心投入。爲了讓性愛更有趣，人類發展出各種體位、表演和技術。此外，自然選擇還給出性高潮作爲交配工作的超級獎勵。

高潮問題其實挺複雜的

男性高潮具有明確的進化意義——促進射精並形成精神獎勵，以此引誘他們下次再來。女性也有高潮。當高潮來臨時，她們身體內部的血液迅速向體表輸送，皮膚溫度升高。有些女性會隨之出現性紅暈，即在腹部和乳房一帶呈現明顯的紅斑，並不斷向四周擴散，可以直達脖子和面部，使她們面色潮紅，嘴唇也顯得更加飽滿性感。乳房則會脹大，堅挺而富有彈性。

由於大量血液湧向體表，女性高潮時大腦會出現短暫的缺氧反應，有的甚至會因眩暈而失控，或者出現意識崩潰，身體呈現僵直狀態，伴隨著陣陣肌肉收縮，間或莫名其妙地大叫出來。隨之而來的是無比的放鬆和極度的疲憊，這對精子是一種保護，那時精子正朝著她的身體最深處奮勇前進。然而，女性高潮的個體差異性極大，也不是所有女性都能親身體驗那種感覺，大約有十分之一的女性終身沒有體驗過高潮的感覺。

有一種理論認爲女性高潮有助於懷孕，而有助於懷孕的關鍵在於留住更多的精子。四腳著地的動物，陰道與地面平行，交配之後精液會流向陰道深處。可是人類陰道與地面垂直，精液很容易流失。激烈的高潮會讓女人極度疲憊，使她們無力地處於平躺狀態，更多的精液得以從容地流向最終目的地，這無疑更有助於受精。還有一種理論，認爲女性高潮能提高精子存活率。良好的性愛會使她們分泌大量液體，及時而有效地中和陰道內的酸性環境，從而提高精子活力。更重要的是，女性在高潮時還會分泌大量催產素，刺激子宮蠕動和收縮，促使子宮儘量向下延伸，並與精子密切接觸，縮短了精子的長跑路程。

這些理論聽起來都很有邏輯性，但有個嚴重的事實卻使女性高潮問題變得更加撲朔迷離。從宏觀統計資料來看，沒有確切證據表明，高潮可以幫助女人生下更多的後代，沒有高潮的女性照樣懷孕生子。

有一種比較暗黑的理論認爲，女性高潮可能與混淆父權有關。男人相信出現高潮的女人更容易生下他的孩子。從這種意義上說，高潮只是女人施放的煙幕彈，她們在不停地向男人展示錯誤資訊，以期他們對未來的孩子手下留情，以免出現殺嬰之事。但這種觀點主要是從靈長類動物那裡獲取的資料，很難在現代社會加以觀察和驗證。無論如何，男女都要共同享受性愛的過程，否則他們將失去聯繫的紐帶，無法更好地合作撫養下一代，這是男女都有性高潮的進化根源。

現在，還有一個問題需要解釋。從邏輯上而言，生育困境是女性拴住男人的動力，那麼，男人被拴住的動力又何在呢？既然交配一次就可以留下後代，他們爲什麼還要留在女人身邊做那麼多次呢？整天縱欲狂歡雖然妙不可言，但在殘酷的自然選擇面前，極有可能面臨死亡的威脅。其他動物極少持續發情和不間斷交配，正說明做愛有風險、發情需謹慎。簡單的邏輯是，要想讓男人沉迷於性事，必須有一個和女人期望解決生育困境同樣強大的動力，而這個動力，當然只能由女人提供，這是更加隱蔽的手法。

好爸爸VS壞爸爸

大多數動物只在排卵時發情，只在發情時交配，這非常符合自然選擇法則。對於很多雌性動物而言，排卵都是值得廣爲宣傳的喜事，牠們會表現出明顯的發情特徵，不但打出醒目的廣告，而且到處散發特殊的氣味。比如雌性狒狒，鮮紅腫脹的陰部就像信號燈一樣發出明確的交配邀請，牠們甚至直接蹲伏在雄性面前搔首弄姿。如果可以用語言表達思想，雌性狒狒肯定會直接說道：「嘿，夥計，我正在排卵，要上就快點兒上吧，時間有限，過期不候。」畢竟都還有正事要做，一旦排卵期過去，發情結束，大家該幹嘛幹嘛，很少再有交配的閒心，除了人類以外。

人類之所以搞特殊化，是因爲女人對排卵期毫無知覺，也就是隱蔽排卵。既然沒有知覺，當然沒有辦法大力開展宣傳工作。

那麼，女人爲什麼要隱蔽排卵呢？佛洛德早就思考過這個問題。他認爲，由於直立行走，導致男男女女都能清楚地看見對方的生殖器，於是觸景生情，久久不能自禁，最終導致持續發情。既然可以持續發情，那就不必顯示明確的排卵期，反正何時排卵都不影響最後結果。

這種解釋只是缺乏生物學基礎的想當然而已。此處必須指出，看到生殖器就容易想到性交是持續發情的結果，而不是原因，佛洛德徹底搞錯了邏輯關係。

有一種觀點比較有趣，認爲女人隱蔽排卵與持續發情爲的是消耗精子，從而降低其他女人受精的機會。

不論「消耗精子理論」是否正確，女人的醋意確實有助於壟斷精子資源。但這個理論的缺陷在於，當某個女人壟斷了某個男人的精子時，則很難再壟斷其他男人的精子。如果從平均數值考慮，好像持續發情並不能占多少便宜。

「賣淫理論」則比較奇特，暗指在原始社會，女性可以通過持續發情，從男人那裡換取更多的食物，這種行爲一直延續到現在，妓女不過是人類進化過程留下的一抹淡痕。如果公開排卵，排卵期以外的交配價格就要大打折扣。

「賣淫理論」的更新版是「通姦理論」。該理論指出，持續發情使女性擁有更多通姦的機會，並以此獲取更多的優秀基因，對後代品質起到一定的優化作用。

比「通姦理論」浪漫的是「戀愛理論」，即認爲女性隱藏排卵是爲了更好地談戀愛，而談戀愛的目的是爲了尋找一個和自己智力般配的伴侶。問題是智力好壞並不像肌肉強弱那樣容易辨別，需要長時間的觀察和分析，因此，兩人要在一起度過一段浪漫時光，但又不能隨意發生性關係。在這個過程中，女性必須隱蔽排卵，否則到了發情期就很難把握自己的欲望，那時智力水準不達標的男人也有可能趁機得手。也就是說，隱蔽排卵是篩選男人智力的重要屏障。

需要重點討論的是兩個截然相反的理論，其中一個姑且稱爲「好父親理論」，意指女人隱蔽排卵爲的是留住男人，讓他乖乖地待在家裡，做個共同撫養後代的好父親。

相對而言，絕大多數雄性動物可以說是「不負責任」。牠們只在發情期出現，交配之後除了把自己肚子填飽，根本不關心後代的任何事情。雄獅子甚至連自己的肚子都不想填，自有母獅子打來獵物喂飽牠們。萬一男人也是如此不負責任，女人的養育任務就不可能完成，生育困境將會把她們徹底壓垮。她們雖然發展了性交的樂趣，但仍需努力阻止男人出去尋找更多的樂子。

「好父親理論」認爲，要想讓男人不那麼痲利地走掉，隱蔽排卵是最有效的手段——女人無法測知排卵期，也就無法打出有效的發情廣告，男人完全搞不清她們什麼時候才會受精，處理這一困局的最好辦法就是守株待兔。所以，他不得不留在同一個持續發情的女人身邊，被迫花更多的時間與她持續做愛。

男人在一個女人身邊待的時間越長，尋花問柳的機會就越少。若一時按捺不住外出尋歡，就完全無法保證自己的女人不會紅杏出牆。萬一他的女人懷上別人的孩子，他就將爲情敵撫養後代，戴綠帽子在任何時代都是沉重的代價，所以最好的策略是花更多的時間待在自己的女人身邊並且不停地做愛，這樣才能確保女人生下他的孩子，他也才有信心將這個孩子撫養成人。這樣的父親當然是好父親，他們莫名其妙地掉進了隱蔽排卵的陷阱中。

反過來同樣說得通，要是女人公開排卵，男人就會在女人的排卵期努力做愛，在排卵期以外則興趣索然，他們知道那是在做無用功，此時的最佳策略是出去尋找豔遇，才會得到更多的遺傳回報。

這個理論聽起來很有說服力，但在動物界卻有很多反例。如果不停地做愛就可以拴住男人，侏儒黑猩猩的交配活動要比人類多得多，可是牠們卻仍然處於亂交狀態，沒有誰對誰的終身負責。相反，長臂猿倒是實行一夫一妻制的典型，但兩隻長臂猿並不靠交配來維持關係。

相反的理論給出了相反的解釋。「壞父親理論」認爲，女人隱蔽排卵不是爲了留住男人，而是爲了矇騙男人。原始時期的男人都很殘忍，他們會毫不猶豫地殺死情敵的後代。女人保護孩子的方法只有一個，就是和男人做愛，讓他誤以爲那是他的後代。隱蔽排卵可以讓每一天看上去都能懷孕。和她做過愛的男人雖然半信半疑，不能確定生下的就是自己的孩子，但也不能確定那不是自己的孩子，動手殺人時就會考慮一下，孩子的生存概率就此大爲提高。

這個理論的證據在於，很多動物，包括人類在內，都有殺嬰的習慣，這是血的事實，也是女人必須面對的困局。她們無法以武力與男人抗衡，只有隱蔽排卵才是最佳選擇。

隱蔽排卵還可能帶來意外的好處——在某種程度上緩解部落內部的男性競爭。如果女性公開排卵，所有男性都知道授精機會稍縱即逝，都想在最佳時間霸王硬上弓，可是正在排卵的女性數量有限，男性爲爭奪花紅，很容易大打出手，直接導致部落內部極不穩定。而不穩定的部落也是容易被消滅的部落。

當排卵不公開時，男性之間雖仍存在競爭，但不必那樣急迫與勢不兩立，畢竟時間很多，大可從容應對。隨便交配一下並不一定懷孕，爲此拼上性命的代價太大，所以很少出現火拼的局面，反而有利於部落團結。

那麼，「好父親理論」和「壞父親理論」哪個更正確呢？

這不是一個簡單的選擇題，我們無法圈養一個社會加以驗證，僅從現有的靈長類動物資料分析可

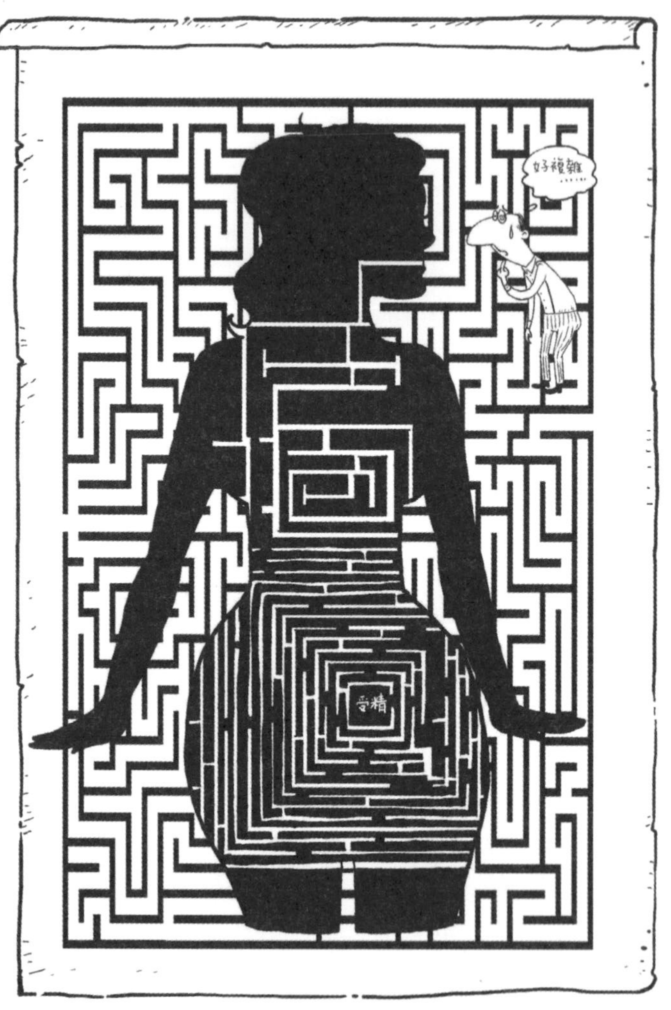

▲從繁衍後代的角度來看，隱蔽排卵是留住男人最有效的手段。男人完全搞不清自己的女人什麼時候才會受精，所以最好的策略是一直守在她身邊，才能確保女人生下他的孩子，他也才有信心將這個孩子撫養長大。

以看出，公開排卵的物種更容易亂交，而一夫一妻制則常見於隱蔽排卵的物種，這大致和「好父親理論」的邏輯一致。

無論如何，隱蔽排卵確有邏輯可尋。在亂交的原始社會，女性爲了保護後代，不得不發展出隱蔽排卵能力，以此達到混淆父權的目的。隱蔽排卵又有助於女人用持續發情來拴住男人並共同撫養後代，人類開始向一夫一妻制轉變。

隱蔽的交配行為

這個世界上大多數動物都是公開交配，只要進入發情期，就毫無羞恥之意，可以在任何方便的地方、在眾目睽睽之下奮勇作戰。

可是，爲什麼人類會隱蔽交配呢？我們可以當眾牽手、擁抱、接吻，卻幾乎不可能在公開場合做愛。

有人以爲原因很簡單，就像看到別人吃火鍋會流口水，看見別人做愛也容易拍案而起，這樣就有失控的可能。假如公開交配形成風潮，首先受到影響的是男人的身體，他們將忙得焦頭爛額，必然沒有更多的時間去打獵和採集果實。有一個明顯的事實，隱蔽交配的最佳時間是夜晚——夜深人靜之時，人們在密集作戰後轟然睡倒，白天就可以精神抖擻地做點別的事情。要是總在白天激烈交配，收集的食品恐怕都不夠做愛時的能量消耗。

還有人相信，隱蔽交配可能與安全有關。白鷺在成群公開交配時，常常忘乎所以，於意亂情迷之中很容易就被身旁悄無聲息的巨蜥一口咬死。冷血的巨蜥將一對情侶慢慢吞下時，眼角絕不會落下同情的淚水，牠在用最冷酷的姿態警告其他動物：交配最好低調一點兒。隱蔽交配可以防止驚嚇，而意外受驚則可能導致陽痿。

但安全並不是隱蔽交配的唯一動力。人類容易受到驚嚇只是隱蔽交配的結果，而不是原因，也就是說，先有隱蔽交配的習慣，其後才容易受到驚嚇。假如交配就像洗手吃飯那樣光明正大，當然不需要擔心受到驚嚇。

這也順便駁斥了一種天眞的觀點，以爲人類隱蔽交配是出於羞恥之心，其他動物沒有羞恥感，所以才公開交配。在沒有確切研究證據之前，很難斷定隱蔽交配與羞恥感之間的因果關係，極有可能羞恥感是從隱蔽交配發展出來的心理現象。

有些動物其實也存在隱蔽交配的需要，因爲動物界存在一種「交配干擾」現象，即正在交配的動物會受到其他動物的打攪。黑猩猩就是交配干擾的高手，很多搗蛋鬼百無禁忌，對交配的伴侶進行各種騷擾，甚至將交配雙方強行拉開。身份較低的黑猩猩由於擔心遭到高層的妒忌和干擾，會悄然走出公眾視野，改在灌木叢背後約會。交配干擾揭示了動物的兩種繁殖策略，一是使對手繁殖失敗，二是使自己繁殖成功。黑猩猩無疑更多地採用了前一種策略，而人類則傾向於後一種策略。這種行爲在進化中可能得到了加強，最後形成人類隱蔽交配的習慣。

隱蔽交配也與智力發展有關。人類有著發達的大腦，具備非常清晰的邏輯思維能力，通過長期的觀察和分析，對交配與生育之間的關係心知肚明，所以需要隱蔽交配以免混淆父權，從而減少殺嬰事件，保障後代存活率。從這種意義上說，隱蔽交配其實是隱蔽排卵的延伸，沒有隱蔽排卵則沒有必要隱蔽交配。

假如這個世界只有一男一女兩個人，在伊甸園中當然不需要隱蔽交配，他們在任何地方都可以像

▲有時，兩隻黑猩猩會結成短暫的伴侶關係，在某個幽靜的角落共用二人世界。但只要有機會，雌性黑猩猩照樣會和其他雄性「勾搭成奸」，就像牠的親密伴侶根本不存在一樣⋯⋯

在自己家裡那樣恣意放縱。但現代社會群居規模越來越龐大，非常需要採取有效措施防止不必要的交配行爲，特別是對於人類這樣持續發情的動物，隱蔽交配是維持社會穩定的重要手段，也是人類文明的核心價值所在。我們因而很少公然袒露乳房和生殖器，年輕少女甚至擔心別人看到自己的身體，這些禁忌根源都出自隱蔽交配。因爲隱蔽交配，在做愛時間之外，我們大多選擇關閉性信號，這樣才不容易讓人聯想到性行爲。

隱蔽排卵決定了女人必須不斷向男人展示某種成熟的標誌，宣示自己已經到了生育年齡。這樣的風向標一定要讓男人方便看到，而且一看就懂。那究竟是什麼呢？

第六章　女人爲什麼比男人漂亮

動物界有一個常見現象，雄性的外表往往遠比雌性華麗醒目，公雞是常見的例子，牠們在灰撲撲的母雞群中是那麼的光彩照人。更不要說豔驚四座的雄孔雀了，而雌孔雀的羽毛色澤卻和母雞差不多，落在枯草叢中就難覓身影。在哺乳動物那裡，也很難找出雌性比雄性漂亮的例子，只有人類是明顯的例外。

動物界有一個常見現象，雄性的外表往往遠比雌性華麗醒目，公雞是常見的例子，牠們在灰撲撲的母雞群中是那麼的光彩照人。更不要說豔驚四座的雄孔雀了，而雌孔雀的羽毛色澤卻和母雞差不多，落在枯草叢中就難覓身影。在哺乳動物那裡，也很難找出雌性比雄性漂亮的例子，只有人類是明顯的例外。美麗的女人往往能把男人迷得七葷八素，這件事曾經讓科學家備感困惑。按照性選擇的觀點，一般是雌性挑選雄性，所以雄性需要不斷競爭以博取雌性的好感，因此有追求漂亮的動機。但人類爲什麼反倒變成了女性比男性更漂亮，其中隱藏著什麼樣異常的進化邏輯？

事實上，女性比男性漂亮仍然是進化的合理結果，源於直立行走造成的生育困境，面臨困境的女人必須留住男人共同撫養後代，而合作撫養後代的最佳模式是一夫一妻制。可是在自然狀態下，男女比例大致均衡，基本不會出現大量男人找不到配偶的情況。

所以，對於女人而言，如何吸引並留住男人是一個嚴肅的問題，她們的地位已經與其他動物完全不同。在動物界，雌性往往不需要依靠雄性，牠們只需要挑選一個優秀的雄性，獲取牠們的精子以後就萬事大吉，其餘事情基本由自己搞定，所以有挑挑揀揀的資本。但女性已經失去了這個資本，她們在挑選男人的同時，也面臨著被男人挑選的嚴峻挑戰，如果她們再像其他雌性動物那樣渾身灰撲撲的，沒有任何特色，最終將因得不到應有的關注而留不住男人共同撫養後代。

爲了得到男人的青睞，女性展開絕地反擊，手法就是積極發展自己的外貌特徵，經過漫長的進化淘汰，終於成功逆轉了動物界通行的規律，看起來比男人要漂亮迷人，因而具備了挑選更優秀男人的資本。

▲對女人而言，如何吸引並留住男人是一個嚴肅的問題。為了得到男人的青睞，女性積極發展自己的外貌特徵，經過漫長的進化淘汰，終於成功逆轉了動物界通行的規律，看起來比男人要漂亮迷人。

乳房引發的大討論

絕大多數哺乳動物都是平胸，包括我們的靈長類近親黑猩猩和大猩猩，還有常見的貓和狗。就算大象那樣的龐然大物，牠們樸素的乳房只在哺乳期才稍微鼓脹，一旦哺乳結束，又會回復到原初模樣，基本和雄性沒有什麼區別。相比其他哺乳動物，女人爲什麼要長出如此巨大的乳房？

女人的乳房肯定不是本來就大，只是在漫長的進化過程中變大了而已。從狩獵角度考察，邏輯也很簡單：女人並不靠激烈的肉搏戰獲取食物，擁有一對大乳房不會構成嚴重的生存障礙，但那並不表明她們必須長出大乳房，除非具有某種特殊的進化意義，能帶來更多的遺傳回報，否則所有的大乳房都只能是累贅。

爲了解釋女人奇怪的大乳房，很多人能想到的是：大乳房有助於提高哺乳能力，可以向男人證明自己擁有足夠的脂肪，在食物短缺時能夠提供營養補充，有能力養育好孩子，因而具有明確的進化意義。

乳房的自然功用當然是哺乳，但並不意味著需要那麼大的乳房，因爲其中很大比例都是脂肪組織，也就是說，大乳房並沒有提高乳汁生產能力。而且，乳房不是脂肪的最佳選擇，那裡不但容量有限，只占身體脂肪總量的百分之四左右，而且不容易消耗。那女人爲什麼要保留不合格的脂肪倉庫呢？何況眞正適合餵奶的乳房應該是細長形——只要看看嬰兒奶瓶，就知道正確的哺乳設計應該是什麼樣子——又細又長，奶嘴突出，非常方便嬰兒吸食。圓潤的乳房並不是哺乳的最佳裝備。嬰兒吃奶時不得不緊緊吸住乳頭，努力把鼻子深陷在圓圓的乳房中，伴有窒息的嚴重危險，所有產科醫生都會告誡新媽媽，注意不要讓乳房把孩子悶死。

有人猜測，更大的乳房就像更大的奶瓶，可以讓嬰兒一次喝個夠，孩子就會在較長的時間內保持安靜、不哭不鬧，因而不容易被捕獵者發現，後代存活率更高。然而，這種猜測只是聽起來有趣，幾乎沒有任何根據，更大的乳房並不能提供更多的乳汁。

也有人認爲大乳房的脂肪組織有利於奶水保溫，那裡就是天然保溫瓶。但就算大乳房眞有保溫作用，也只需要在哺乳期大一點就可以了，而不是一直大下去。

哺乳理論還無法解釋乳房爲什麼一直保持堅挺。如果只是爲了哺乳，只要像其他動物那樣，在哺乳期變大一些就可以了。更不要說挺立在乳房之上的小小乳頭，要是誠心爲嬰兒服務，乳頭就應該位於下端，嬰兒仰起頭來，就可以毫不費力地將奶水吸入口中。可現實中的乳頭卻位於乳房中心，非但不是開口向下，反而是開口向前，嬰兒必須努力抬起頭來才能吃到乳頭，似乎那根本就不是給嬰兒準備的吸管。所以，表面看起來一目了然的女性乳房，其實隱藏著很多秘密。

也有人認爲，女人沒有胸毛，不容易讓嬰兒抓住，而大乳房提供了不錯的支撐位點。其實，從來沒有哪個嬰兒靠抓住母親的乳房吸奶，他們都是被抱在懷裡吃奶的。

經典的累贅理論認爲，女人的大乳房就像孔雀的尾巴，除了令女人感到驕傲，大多數場合都是一種累贅。而這種赤裸裸的累贅其實是很好的宣傳，可以向男人證明自己的身體健康水準。

累贅理論的麻煩來自於平胸女人，畢竟所有的雄性孔雀都有一副大尾巴，但並不是所有女人都有大乳房，難道平胸女人不需要向男人證明什麼嗎？

有一種深得男人認可的觀點認爲，大乳房是女人用於吸引男人的性信號，表明自己已經成熟。直立行走使得女人的乳房有著得天獨厚的信號優勢，加上她們胸前沒有毛髮遮擋，皮膚裸露而有光澤，所有藏品一覽無餘，爲信號展示提供了必要的平臺。這時我們可以理解爲什麼女人沒有胸毛，那明顯會影響乳房的展示效果。

大乳房具備了性信號的一切要素——掛在胸前，醒神奪目，狀態堅挺，可以長時間發送信號。這幅廣告數十萬年來一直有效，由於廣告效果深得人心，她們的招牌也越做越大，有時甚至不惜通過手術掛上假招牌。

從鮮嫩活潑的青春期到垂垂老去，乳房的外形一直在不斷變化，這對男人而言意義非凡，誰都知道女人的年齡是關鍵指標，缺少脂肪還可以多吃豬肉彌補回來，可要是錯過了生育期就後悔莫及了。因此，男人關注乳房主要是爲了評估女人的年齡，進而評估女人的生育潛力。堅挺的乳房表示正處於生育旺盛期。桃子熟了就應該早些吃掉，女人身體成熟了也應該儘早交配。大胸女人的第一次月經更早，她們的策略是——儘早成熟，儘早交配，儘早生育。相應的，她們衰老的速度也比平胸女人更快。

既然說到了平胸女子，難道她們就不需要打出性信號了嗎？

平胸女子只是採用了截然不同的信號策略——避強擊弱。既然拼胸已然沒有希望，索性不如維持發育之前的平胸狀態，就是所謂幼態持續。平胸女人看上去更年輕，像是沒有成熟的小女孩，反倒可以用虛假的年齡吸引男性，使男人誤以爲她們來日方長，有更高的生育價值。所以，平胸女人的平均生育年齡可能更晚，衰老的速度也更慢，畢竟她們沒有容易下垂的巨大乳房，反而有了更多的時間等待優秀的男人。

明白了乳房的性信號功能，就很容易理解乳頭的位置問題。如果乳頭指向下方，就等於向男人發出錯誤的信號，讓他們誤以爲乳房已經下垂，因而失去了秋波暗送的興趣。爲此，女人不得不忍痛割愛，在方便哺乳與吸引男人之間選擇了後者，把乳頭放在了乳房中間，像是一個標靶的圓心，不但看起來更有美感，而且可以證明乳房正處於堅挺狀態。

乳房的性信號功能與隱蔽排卵一脈相隨，隱蔽排卵導致人類持續發情，加上沒有避孕措施，女人生了又懷，懷了又生，基本沒有停歇的時候，使得乳房一直處於使用狀態，因此沒有回復常態的必要，維持原狀是最省事的做法。

更重要的是，要是女人沒有進化出一直保持堅挺狀態的永久乳房，隱蔽排卵策略就將面臨失效的危險——當本來不大的乳房突然變大時，男人一眼就可以看出某個女人正處於孕期，而追求懷孕的女人毫無意義，女人因此而斷了很多後路。要想吸引更多的男人，最佳的策略是把乳房與懷孕之間的標誌關係抹平，也就是讓乳房一直保持膨脹，使男人無法從乳房大小判斷出女人是否正處於孕期，進而達到混淆父權的目的，這與隱蔽排卵奉行的策略完全相同——沒有隱蔽排卵，也就不必長出大乳房。

這裡還有個多餘的問題，男人不需要勾引另一個男人，也不必哺乳，他們爲什麼也長了一對乳頭？那兩個像是被蚊子叮起來的小點點到底有什麼用處呢？

我曾經和一個景觀設計公司的老闆聊起他們複雜的設計圖紙，他坦率地承認，很多圖紙只是互相拷貝一下，然後略作修改，就可以當作一個新的設計交給用戶了，那是最節省時間和精力的做法。生物進化其實一直採用相同的策略，男人和女人基本享用相同的基因設計方案，只是在某些細節上略作修改。男人的乳頭雖然經過修改，但沒有被徹底擦除，所以留下了兩點淡淡的痕跡。

細腰肥臀的生物學解釋

乳房作爲女性標誌性的器官，在塑造女性身材方面起到了重要作用，可以有效展示與男性完全不同的特徵，男性需要展示強大的肌肉質感，女性沒有展示肌肉的衝動。當乳房與腰、臀部組合在女人的身體上，呈現的是典型的啞鈴狀，中間細兩頭粗，即所謂的豐乳肥臀小蠻腰。這樣的美，哪個男人不愛呢？

那麼，男人爲什麼喜歡腰身纖細的女人呢？不考慮人類進入文明社會之後形成的審美情趣，僅僅從進化的角度來看，這個問題的答案很簡單——纖細的腰身證明女人沒有懷孕。

一個沒有懷孕的女人對男人而言，意味著他還有機會，她說不定可以爲他懷孕，至少在理論上有這個可能。而已經懷孕的腰身肥大的孕婦，則很少得到男人的青睞。癡迷於大肚婆的男人起碼是效率低下的男人——他至少需要耐心等到從頭再來的機會。

纖細的腰身不但可以證明女人沒有懷孕，也是女人身體健康的標誌，過粗的腰圍往往有高血壓、高血脂的危險，對生下健康的後代可能會有所影響。遠古時期的男人未必考慮過這麼多，但自然選擇在默默把關，經過反覆篩選，剩下的大多是喜歡細腰的男人。自然選擇的原則是，不健康的孩子生下來也是負擔，所以不如不生。

因此，喜歡細腰女人不只是簡單的審美問題，而是事關千秋後代的宏偉大業。當然，腰圍尺度要合適，過度消瘦的女人也容易喪失生育能力，因爲營養跟不上，不足以生下後代。女人必須在肥瘦之間尋找一個合適的平衡點，不能骨瘦如柴，也不能臃腫不堪。合適的身材才是她們努力向男人展示的身材。

這時，乳房呈現了巨大的優勢，如果與臀部合作，將明顯襯托出更加纖細的腰身。所以，除了胸圍，臀圍也是需要反覆展示的內容，尺度適中的臀圍是營養充足的保障。除此之外，臀部本身也是不亞於乳房的重要性信號。很多猴子都用鮮紅的屁股通報發情狀態，女人的臀部沒有這種能力，但並不表明不會發出任何信號。有研究表明，臀部大的女人更容易受精。

此外，臀部還是健康的證明，巨大的臀部擁有強大的肌肉，跑步時可以產生有效的前進驅動力。不過這對男人也同樣重要，所以不足以成爲吸引男人的關鍵得分點。翹起的臀部的眞正意義在於，可以爲分娩提供強大的擠壓力，從而有效地將胎兒擠出產道。

臀部的缺點在於它長在後面而不是前面，展示效果自然略遜一籌，嚴重削弱了信號發佈功能，所以男人自然更關注乳房。

曾經有人認爲，男人喜歡乳房的本質是因爲喜歡女人的臀部，乳房事實上是在模仿臀部的形狀。猴子的乳房埋在絨毛之下，很難展示，所以在向雄性示好時，往往要掉過頭來把臀部對準人家。人類由於直立行走，臀部的展示效果明顯下降，乳房的展示效果隨之上升，結果導致乳房長得越來越像臀部——又大又圓。

我不喜歡這個理論，但也挑不出什麼明顯的毛病，因爲暫時沒法證明那是對的，但也沒法證明那是錯的。不論怎樣，乳房、腰和臀部，是構成女性身材的三大要素，號稱三圍，每一種要素背後都存在重要的進化意義，並且共同組成了優美的啞鈴形。如果腰肢太粗，就會從啞鈴變成了水桶，胸圍和臀圍也會同時失去廣告作用，這也就是大多數女人迫切想要減肥的原因。

腰圍是三圍中唯一容易改變的指標，女人不願意把胸部束小，也沒辦法把臀部勒緊，那麼只好折騰腰圍了。這時，廣受女性喜愛的裙子就能發揮作用了。只要裙子做得巧妙，完全可以製造出完美的廣告氛圍，一來表明自己沒有懷孕，二來證明自己身體健康。

其實裙子也是一種性信號，但其目的不是爲了得到更多的性機會，而是爲了得到更優秀的性機會。這兩者有著本質的區別。所謂更優秀的性機會，視覺化標準就是更優秀的男人。這是原則性問題，女人要想得到優秀健康的後代，性行爲就必須謹慎，人海戰術並不是首選策略。對於女人而言，擁有更多的男人也意味著更多的麻煩，僅僅爭風吃醋導致男人之間的激烈爭鬥就讓女人難以承受，更不要說過於雜亂的性行爲還容易引發一些生殖器疾病。

有經驗的男人都愛看女人三圍，並且善於辨別眞假，不管他們學富五車或是流浪白丁，這經驗背後都有實實在在的科學依據。人類社會的文化現象，從來就不存在沒有道理的細節，其背後的推手都是基本的進化論原理，要麼是自然選擇，要麼是性選擇，無人能擺脫進化的掌控。

豐滿紅唇所傳達的資訊

女性的嘴唇無疑比男性的更有內涵，因而常作複雜的加工處理。中國先秦時期，社會上就已經崇尚婦女抹紅唇，宋玉在《神女賦》中提到「朱唇地其若丹」，說明在漢代以前，女性便用紅色的朱砂美化嘴唇了。唐代則有所謂點唇之妝——先將嘴唇塗成白色，然後再用朱砂點出嬌小濃豔的櫻桃形狀，製造出「櫻桃小口一點點」的可愛效果。

從古代到如今，橫跨千年，許多男人仍然堅持崇尚女人的櫻桃小嘴，他們爲什麼如此執著？「櫻桃小嘴」，這個比喻其實表明了女人嘴唇的三個重要特點：一是小，二是紅，三是豐滿。

男人喜歡小嘴女人，原因可能是小嘴與年齡有關。小嘴是幼態持續的重要表現，男人喜歡小嘴的本質是，嘴唇越小，女人可能就越年輕。而男人爲了保證生育品質，往往喜歡更年輕的女人，等價代換的結果就是，男人喜歡小嘴的女人。

女性豐滿嘴唇對男人的意義，仍然可以用幼態持續來解釋。女人的乳房又圓又大，而乳頭卻又短又小，嬰兒爲了成功吸到奶水，必須發展出豐滿的嘴唇，才能像鬆緊口一樣密不透風地緊緊裹住乳頭。越是豐滿的嘴唇，密封性越好，吸吮乳汁時才不致外漏。根據這個邏輯，正是女人的乳房塑造了嬰兒嘴唇的形狀。

嘴唇還能展示營養和健康狀況。無論男女，除非在病態情況下，嘴唇基本都是紅色的。紅嘴唇的生理原因很簡單，那是皮膚黏膜外翻的結果，口腔內表皮充滿了密集的血管，而黏膜表面菲薄透明，使得嘴唇可以充分展示血液的顏色，看起來總是紅豔豔的。

紅色是一種顯眼的信號，這種信號有多方面的含義。首先可以代表健康，那是心血管系統有力運作的證明。另外，黏膜外翻時會迅速失水，因此從嘴唇也可以看出一個人的保水能力和營養狀況，或者據此推斷此人的家庭生活條件。所以，紅潤的嘴唇無疑是身體狀況的重要展示視窗。

豐滿的紅唇還是有效的年齡信號，一旦上了年紀，失去激素與營養的支撐，嘴唇就會越來越薄、越來越鬆軟。男人喜歡豐滿的紅嘴唇的確切含義是，男人喜歡年輕的女人。

有人把嘴唇當作陰唇展示板，那是驚世駭俗的動物學家莫里斯提出的理念，讓讀者和學術界都目瞪口呆。這種說法除了令人不舒服，還缺乏內在的邏輯性，特別是沒有嘴唇與陰唇之間基因相關性的研究。但這並不表明嘴唇與性無關，當女人處於性興奮狀態時，血液從體內湧向體表，嘴唇就會明顯腫脹，看起來更加紅潤豐滿。

所有因素交雜在一起，使得男人無法不對女人的嘴唇產生更多的聯想。

女人當然會抓住一切時機強化性信號，她們雖然未必會有意識、有預謀地在做這種事情，但事實表明，她們對強化嘴唇的信號功能充滿了興趣，因爲在她們的身體上，可供隨意強化的性信號並不多。

強化嘴唇的信號功能主要靠化妝，經典手法是塗口紅，使嘴唇看上去更加紅潤豐滿，對男人更具吸引力。

紅潤可以用唇膏解決，豐滿則比較複雜，需要比較高級的唇線唇彩烘托，代價更高的則是豐唇手術。把這種事情做到極致的是非洲的某些原始部落，美洲的印第安人也有此類習俗：當地女人流行在下嘴唇上裝上一個盤子，盤子越大越有魅力，婚嫁時會得到更多的聘禮。那種自殘式的絕技雖然可以把嘴唇撐得更加「豐滿」，但卻失去了原有的實用性，可能是文化進化失控的表現，也可能是累贅理論在起作用——她們在向男人表明，自己經得起如此嚴重的折騰。

現代文明社會已經放棄了這種激烈的展示形式，但並不表明放棄一切折騰，打唇環或者唇釘就是典型表現，那是處於性躁動期、有著強烈交配欲望的年輕男女的奇特選擇。

正因爲嘴唇與性信號有關，進入文明社會後，「強化嘴唇」甚至受到了一定程度的制約。男權思想濃重的國家不許女性塗口紅；英國還曾經制定法令禁止女性給嘴唇上色，以免男人禁不住誘惑而落入婚姻陷阱；有的國家一度規定只允許妓女塗口紅。非常有趣的是，西方女權運動興起之時也曾極力反對塗口紅，認爲那是討好男人的舉動，但卻並沒有被廣大女性所認可。女權運動至今仍然轟轟烈烈，口紅卻也越來越紅紅火火。雖然鮮豔的口紅並不直接與交配的欲望掛鉤，但至少表明了彰顯個性豔壓群芳的意圖。而歸根結底，豔壓群芳的主要意圖仍是爲了爭奪潛在的優秀男人，雖然女性不一定承認，但口紅暴露了女性內心深處最隱匿的想法。

明白了嘴唇之於女人的意義，也就可以理解男人和女人嘴唇的差別了。男人的嘴唇一般都要比女人的薄一些，色澤也略淡，表明男人的幼態持續水準不如女人。男人的嘴唇在成年以後越來越薄，其實是在不斷消除幼態持續性狀，特別是古代男人留有長長的鬍子，基本會掩蓋住嘴唇，豐滿的紅唇對於男人來說毫無意義。

如果僅從幼態持續水準衡量，女性確實要比男性幼稚。這與男女雙方不同的擇偶策略有關，男人傾向於尋找更年輕的女人，而女人則傾向於尋找更成熟的男人，成熟的男人意味著強大的權力和富有的資源。既然如此，男人就要努力顯得成熟，不斷削減幼態持續性狀是重要的手段，而嘴唇首當其衝。女性化的顯示幕對男人的意義大打折扣，男人必須使用更有說服力的指標證明自己的健康，比如強大的肌肉和敏捷的擊打能力。

梳理一下嘴唇進化的脈絡吧！嬰兒豐滿的嘴唇是針對女性大乳房的獨特設計，如果不是女人又大又圓的乳房，嬰兒就不需要豐滿鮮紅的嘴唇；如果嬰兒沒有那樣的嘴唇，女人就無法通過幼態持續保留那樣的嘴唇。所以，紅潤的嘴唇絕不是可有可無的簡單性狀，而是直立行走推倒的另一張重要的多米諾骨牌，背後的隱蔽排卵是強大動力。

可以看出，從乳房到嘴唇，從腰到臀，女人一直在不斷打造性信號陷阱，爲的就是捕獲更多的男人，從而保證隱蔽排卵策略的順利實施。爲了應對女性的性信號攻勢，男人也做出了針鋒相對的反應。

第七章　那話兒的進化（男人篇）

男人巨大的睪丸和超長的陰莖，以及丟失的陰莖骨，可能是極具因果關係的系統事件，是應對女性隱蔽排卵和持續發情的重要策略，共同的目標是把更多的精子有效射進女性的陰道，以便在陰道內展開更加激烈的精子競爭。

睪丸無論如何都是重要的器官，如果沒有睪丸，男人就不能稱爲男人。但如此重要的器官卻被掛在外面嘗盡冷熱炎涼，而且幾乎毫無保護，只用一層吹彈可破的薄皮隨意包裹了一下，簡直就是不設防地帶。這對睪丸來說當然很不公平，畢竟它對生殖大業起到了無可替代的作用，每一分每一秒都在盡心盡力地生產激素和精子，是構成男性魅力的主要設備。

如此重要的器官難道不應該認眞收藏起來嗎？可能有人會擺出很有知識的模樣，用不屑的語氣說：這麼簡單的問題也好意思問，當然是因爲精子不能忍受腹腔內的高溫，睪丸晾在外面可以起到冷卻作用，時緊時鬆的陰囊是天然的人體空調，可以給精子提供最好的生存溫度。

這是民間流傳極廣的答案，我把它稱爲冷卻理論。這一理論似乎也得到了某些實驗的證明：精子生存的最佳溫度是35℃左右，而腹腔內的溫度卻高達37℃。如此說來，這個答案似乎確有道理，但它卻是錯誤的，至少只是一半的答案。因爲我們還要進一步追問：爲什麼精子的耐受極限只能到35℃呢？以人體爲例，幾乎所有細胞都可以耐受37℃的溫度——人的正常體溫就是這麼高，連珍貴的卵子都不例外，爲什麼源源不斷的精子卻要搞特殊化？

這還不是冷卻理論最大的挑戰，最大的挑戰是，地球上的絕大部分動物，無論鳥類還是魚類，或是青蛙這樣的兩棲動物，牠們的睪丸全都深藏不露。而且，也不是所有哺乳動物的睪丸都掛在外面，比如海豚、大象等的就穩穩地收在腹腔裡，只有靈長類動物和貓、狗之類的才晃裡晃蕩地掛在外面，這又該如何解釋呢？如果說人類的精子害怕腹腔內的高溫，難道大象的就不怕了嗎？要知道，大象體型巨大，體溫更高，精子收在腹腔內可能死得更快。

進一步追究，還會發現更多的挑戰：人類睪丸在胎兒階段也處於腹腔中，只是隨著發育的推進，位置不斷下移，最後才掛到了外面。萬一下移過程受到干擾，睪丸就容易移不出來，這是一種常見病症，在一百個新生男嬰中，大約有三個的睪丸沒下來。好在經過糾正，大部分仍可以自然下墜，但終有一部分嬰兒的睪丸徹底出不來，這就是隱睪症，可直接導致不育。此外，睪丸下移還帶來一個嚴重的副作用，既然需要穿牆而出，當然需要開個小洞，可要是洞開大了，就會造成疝氣。總而言之，機體爲之付出了高昂的代價。

我們付出了高昂的代價，卻做了一件危險的事情——睪丸在體外無疑更容易受到攻擊或意外傷害，很多武術套路中都有踢打睪丸的招數。理論上而言，這是違背自然選擇的裝置，除非能給出更加合理的解釋。而冷卻理論只能解釋表面現象，相反的觀點聽起來似乎更有道理：人類的精子只能忍受低溫並不是睪丸下移的根本原因，而是結果。也就是說，是睪丸下移導致精子不得不適應體外的低溫——精子是受害者，人家本來完全可以耐受高溫。冷卻理論徹底搞錯了因果關係！

那麼，男人爲什麼要長著一副外掛的睪丸呢？而且是如此巨大的一對？這在進化中有什麼重要意義嗎？與女人的隱蔽排卵之間存在對應的邏輯關係嗎？

關於睪丸外掛的猜想

千萬不要自以爲是地小看男性睪丸外掛的問題，許多進化論學者都被它弄得暈頭轉向。他們面對陰囊左右爲難，無論如何解釋，都會留下巨大的漏洞。不斷有人提出自己的見解，試圖一勞永逸地解決睪丸問題，說不定可以在生物學教科書上用自己的名字命名某種睪丸理論。

最簡單的是磨煉理論——睪丸只有放在體外，才能成爲有效的精子訓練基地，所有精子都必須經過艱苦磨煉才有資格走向戰場，較低的溫度只是訓練專案之一。遠在體外的睪丸還會出現供血不足，導致精子得不到足夠的氧氣，這大概是另一個訓練項目，或者說是保護措施，因爲氧氣可能對精子起到氧化作用而導致老化。這個解釋雖然漂亮，但卻不能解釋爲什麼其他動物不把睪丸放在外面，難道牠們的精子就不需要磨煉嗎？所以，磨煉理論並不成功。

最勵志的是賽跑理論。外掛的睪丸等於給精子鋪設了一條長長的跑道，精子從睪丸出發，經過細長的輸精管逆流而上返回腹腔，再通過陰莖發射出去，這是一條曲折的路線。跑道越長，就越容易起到選拔作用，從而篩選出更爲優秀的選手。

這個理論雖然感人，但問題是，精子在輸精管內並非自主賽跑，而是被強行「射」出去的，無論品質好壞，都會被一同扔進陰道，那裡才是眞正的比賽場地——把睪丸拖出來故意製造一條長長的跑道完全沒有必要。

最專業的是突變理論。該理論相信，溫度越高，精子DNA的突變概率也就越高，外掛的睪丸會大大降低精子突變率，相對較低的溫度還可以使精子保持冷卻狀態；被射進陰道時，突如其來的高溫刺激可以使精子迅速啓動，提醒賽跑時間到了。如果精子一直處於恆定的體溫下，就會搞不清楚賽跑何時開始，可能還沒有準備起跑就已經被消化掉了。

但這仍然不足以解釋大象的睪丸，難道大象的精子就不需要熱信號刺激嗎？更不要說在赤道附近，外界氣溫大都比體溫高，睪丸本身就處於37℃以上的環境中，難道牠們的精子會一直處於賽跑狀態嗎？或者人的精子突變率明顯高於溫帶地區的大象？目前看來還沒有相關的研究成果。

壓力理論是比較靠譜的好理論。這個理論正確地指出，凡是睪丸外掛的哺乳動物，大多有激烈的運動傾向，特別是人類，直立行走導致腹部壓力增大，加上睪丸出口沒有括約肌控制，精液就很容易被擠壓出來，極有可能在沒來得及找到伴侶之前就已打光了所有子彈。壓力理論還同時解釋了另一些哺乳動物睪丸爲何沒有外掛，牠們行動緩慢，比如大象，所以不會產生強大的腹腔壓力；還有一些則生活在海裡，比如海豚。而原本生活在海中，但時不時需要返回陸地爭搶地盤的傢伙，比如海象，腹腔壓力則難以化解，所以睪丸依然外掛。

雖然壓力理論也遭到了一些反對，但反對的聲音卻並不那麼理直氣壯。有人認爲，如果只是爲了對抗腹腔壓力，完全可以增加幾條括約肌封鎖精子，而不是直接把睪丸掛到外面。事實上，要是眞的進化出可以控制精子出入的括約肌，肯定會給男人帶來難以想像的麻煩，他們可能會緊緊關閉括約肌，盡可能拖延射精時間，使本來很容易完成的交配工作變成毫無節制的機械運動，從而浪費大量體能，同時還可能錯過捕獵的最佳時機，或者乾脆變成別人的捕獲對象。恐怕任何動物都消受不起睪丸括約肌這樣的奢侈品。

累贅理論認爲，雄性掛著一副脆弱的睪丸，其實等於是背上了一個巨大的累贅，這代表著某種無聲的聲明：雖然把睪丸掛在外面非常危險，但我仍然掛在了外面，並且生存了下來，因爲我的身體足夠強壯。

但凡背負累贅在身，就千萬不要忍氣吞聲，那無異於錦衣夜行，而一定要大張旗鼓地展示出來，否則將無法證明自己的強大。由此可以得出一個詭異的結論：所謂累贅，有時也是炫耀的資本。現在問題來了——很少有男人把睪丸當成炫耀的本錢。這是爲什麼呢？

睪丸可能曾經值得炫耀，比如著名的長尾黑顎猴，就經常炫耀牠們奇特的藍色睪丸。但這種炫耀技術在人類身上無疑已經過時。當某種工具已經過時，最好的策略是收藏起來，就像是拿著大哥大的過氣富翁，突然遇到正在把玩蘋果手機的現代人，最好立即把他那落後了整整三十年的電話藏起來。

男人最忠實的僕人

充當累贅是需要資本的，能作爲累贅的睪丸必有一定的尺寸要求。不過在談論男人之前，不妨先了解一下黑猩猩。黑猩猩是了解人類本性的重要途徑。我們無法回到過去觀察自己，卻可以從黑猩猩那裡獲得虛擬的歷史情報。

黑猩猩的主流社會形態有點黑社會性質：等級森嚴，充滿暴力；解決衝突的手段異常殘忍，常常以暗殺解決問題；部落之間時常發生戰爭，弱勢部落往往被斬盡殺絕，一個不留。部落生存直接關乎個體生存，爲此，每個部落都要儘量維持相當的戰鬥力，大多由十四、五頭黑猩猩組成主力部隊，其中有三、四頭成年雄性，其餘則是雌性和幼崽。這種組合在獵殺猴子時特別有效率，單靠一隻黑猩猩永遠也不可能捉住猴子。

在交配制度方面，黑猩猩部落頭領擁有絕對的交配權。但是，其他雄性黑猩猩也不甘心「跑龍套」袖手旁觀，牠們左右逢源進退有度，不斷和雌性眉來眼去，在騰挪閃退之間早已變成了偷情高手。部落頭領對此只能睜一隻眼閉一隻眼，所謂水至清則無魚，如果盛怒之下清除了所有情敵，則群體戰鬥力將被嚴重削弱，整個部落就會面臨滅頂之災，頭領也將隨之失去作威作福的基礎。

在發情期，雌性黑猩猩通常耐不住寂寞，有些雌性甚至會穿越叢林跑到其他部落中去尋找情人，所以雄性一旦發現雌性有私奔跡象，則立即大打出手，對其嚴加懲罰，僥倖沒有被抓住把柄的雌性則會裝出無辜模樣，對頭領俯首貼耳，其實肚子裡早已懷了別人的孩子。

那麼，雌性黑猩猩到底懷的是誰的孩子呢？這是一個棘手的問題，雄性對此束手無策。放在一般情況下，心灰意冷的雄性就會拍屁股走人，根本不管幼崽的死活，但雄性黑猩猩卻不能這麼做。如果牠一怒之下揚長而去，留下的所有雌性都將被別人霸佔或者殺死，牠自己恐怕連叢林都走不出去，就會被敵對部落滅掉。雄性黑猩猩只能忍下這口怨氣，爲不明身份的後代負起一定的責任來。

既然黑猩猩無法將其他雄性完全排除在外，大打出手又不是首選方案，也不能把雌性扔下置之不理，最好的策略就是暗中較勁，具體的任務交由睪丸執行。

當某個雄性黑猩猩的精子湧進陰道，就極有可能與其他雄性的精子不期而遇，在這種混亂情況下，就會出現精子暗戰。精子競爭的手法非常複雜，有的打埋伏，有的搞襲擊，還有的專門負責搞阻截。但就像人類的常規戰爭一樣，無論戰略戰術多麼複雜多變，最重要的還是要看軍隊數量——韓信點兵，多多益善。精子競爭也擅長此道，經典手法就是以量取勝。某個雄性產生的精子越多，使雌性懷孕的可能性也就越大。

從某種意義上說，睪丸只是精子發生器，就像是街頭炒爆米花的火罐一樣，罐子容量越大，炒出來的爆米花也就越多。同樣的道理，睪丸越大，製造的精子也就越多。進一步來說，雄性面對的競爭越大，越需要更大的睪丸，這樣才能與對手在暗中一決高下——睪丸越大，勝算越高。

在這種策略的支配下，黑猩猩的睪丸進化到高達一百一十多公克，大約是兩到三個雞蛋的重量，在靈長類動物中是最重的。如此說來，難道雄性睪丸大的動物，雌性就越有濫交傾向嗎？此時下結論尚顯倉促，我們最好再來看看其他動物是什麼情況。

最有參考價值的是大猩猩，因爲牠們採取比較嚴格的一夫多妻制，相對於黑猩猩的多夫多妻制而言，一夫多妻制更有對比價值。

大猩猩是身材最爲高大的靈長類動物，平均體重可以達到兩百公斤，平日雖然吃素，但脾氣一點兒也不像吃素的，發起怒來有力拔山兮氣蓋世的豪情。暴躁的大猩猩甚至可以一掌拍死花斑豹，如此彪悍的體格，連獅子都要退避三舍，好萊塢電影《金剛》就是用大猩猩爲範本拍攝的。但與霸王般的體格不相匹配的是，雄性大猩猩的睪丸平均只有三十五克左右，重量甚至不及一個雞蛋。

具有強大雄性魅力的大猩猩，爲什麼會長著如此小巧的睪丸呢？根源在於大猩猩採取了與黑猩猩完全不同的生殖策略。

黑猩猩的問題在於體格不夠強壯，單個雄性不足以擔負起整個部落的保衛工作，所以必須容忍其他雄性的存在，好借此結成生存聯盟，結果因爲監控不過來而出現了亂交，這在學術上叫作群婚制。

與黑猩猩的交配邏輯不同，大猩猩體格非常強壯，足以雄霸天下，有能力保護整個部落的利益，部落中絕不能容忍另一隻成年雄性存在，其他雄性膽敢來犯，則必然打得牠滿地找牙，因此牠有資格實行嚴格的一夫多妻制。幾乎沒有競爭對手，所以不必採用精子淹沒戰術。

雄性大猩猩雖然妻妾成群但無人騷擾，一年之內只交配幾次，而且交配時間非常短暫，被嚴格控制的雌性大猩猩一旦懷孕，在此後的三四年內都不會再交配，這導致雄性的精子開銷非常小，當然也就不需要那麼大的睪丸了。

從黑猩猩和大猩猩的對比可以看到一條簡單的規律：雌性越是風騷濫交，雄性的睪丸與身體的比重就越大，反之則相反。雌性的忠誠度與雄性的睪丸大小呈高度相關性。

有意思的是，這條睪丸定律不但適用於靈長類動物，而且適用於哺乳動物和鳥類，連昆蟲界都一併遵守。有一種蟋蟀的睪丸甚至達到體重的百分之十四，而這種蟋蟀的雌性也確實極爲風騷，幾乎可以從不停歇地與雄性交配。

不管在進化史上人類的睪丸重量發生了多大變化，至少到目前爲止，男人的睪丸雖然比黑猩猩小，但卻比大猩猩大得多。普通成年男性的兩隻睪丸大致相當於一個雞蛋的重量。人類的體重比黑猩猩重而比大猩猩輕，睪丸與體重之比也正好介於兩者之間。與睪丸重量相對應的是射出精子量，黑猩猩一次可以射出五六億個精子，是大猩猩的十倍，卻只是人類的兩倍。

另一個現象也呈現同樣的相關性，那就是精子的黏稠程度。在濫交動物中，雄性的精子黏性越大，就越能成功阻止後來者的精子進入子宮，這將是對付放蕩雌性的有效武器。三者比較，黑猩猩的精子黏性最強，人類的精子黏性次之，黏性最差的還是大猩猩——人家的精子根本無須提防後來者。

這說明了什麼問題？說明遠古時期的人類女性，既不像雌性黑猩猩那樣濫交無度，也不像雌性大猩猩那樣忠誠專一，大致處於「基本忠誠，時常出軌」的水準。這一切的根源在於直立行走造成的隱蔽排卵，那替女性接受多個男性奠定了生理基礎，男性不得不爲此而奮勇拼搏，他們的睪丸也在默默努力。從這種意義上說，睪丸是男人最忠實的僕人。

有人否認男人的睪丸大小與女人的忠誠度相關，認為只是與性交次數有關。因為大猩猩的交配次數太少，睪丸當然很小；而黑猩猩的交配次數太多，所以睪丸很大。人類的交配次數介於兩種動物之間，所以型號也是不大不小。可問題並非如此，黑猩猩的交配次數事實上遠少於人類。也就是說，交配次數並不是決定睪丸大小的關鍵。

睪丸就是一個生化反應爐，較大的反應爐自然就可以產生較多的精子和激素，這是最簡單不過的邏輯，你不能指望一隻小鼠的睪丸產生出大象那麼多的激素來。而激素水準在很大程度上支配著動物的性格和行為，所以大象可以橫衝直撞，而小鼠則往往賊頭賊腦、提心吊膽。

重新回到大猩猩那裡，牠們雖然妻妾成群，睪丸卻小如雀卵；與此相對應，雄性對家庭非常負責，不但對雌性呵護有加，對後代也更有耐心。而睪丸較大的黑猩猩則不然，牠們性情粗暴，對待雌性根本談不上什麼「憐香惜玉」，稍有違逆則大打出手，對後代死活也不聞不問，捉到猴子時率先享用，絕對是極不稱職的「甩手掌櫃」。

有趣的是，這個邏輯可能同樣適用於人類：睪丸越大的男人，性格就越容易衝動，性欲也可能更強，更容易在外面尋花問柳；而睪丸較小的男人可能更顧家，對子女也更關愛。

關於生殖器長度的思考

很多人誤以為陰莖是很沒有內涵的器官，它既不產生精子，也不分泌激素，只是一個雙功能的肉質管道而已，雖然可軟可硬，卻不能靠意志加以控制。

作為最重要的生殖器官，全世界相關的嚴謹研究竟然少之又少。只要考察一個簡單的問題，就會讓很多人感到震驚和茫然——男人的陰莖為什麼這麼長？

按照傳統方法，要想理解人類的陰莖，比較靠譜的參照物仍然是強壯穩重的大猩猩和粗暴淫蕩的黑猩猩。大猩猩陰莖的平均勃起長度是三公分左右，黑猩猩的則是七公分左右，而中國二十歲男性的平均勃起長度是八到十四公分。這一資料是二十世紀六〇年代測定的，一直作為我國保險套的製作尺寸標準，儘管可能已經過時，卻可以看出一個簡單的事實——人類的陰莖遠遠長於大猩猩和黑猩猩，而且明顯粗得多。

這是為什麼呢？人類為什麼需要一根又長又粗的配件呢？難道就不怕在野外狩獵時被其他野獸像吃香腸一樣消費掉嗎？

雖然長一些的陰莖可能有助於緩解人類的兩性關係，但並不表明男性需要這麼長的一根。最先給出科學解釋的又是累贅理論，認為人類的大陰莖基本沒有什麼獨特的用處，正因其大而無用，反而成了一種累贅，只有勇於背負如此巨大累贅的男人才是優秀的男人。他們其實是在用這種無聊透頂的方式向女性證明自己的實力。

與睪丸類似，這個理論的挑戰在於，凡是累贅，都應該非常張揚地掛在外面並且大張旗鼓地加以炫耀。但很明顯，在人類這裡，這種奇特的炫耀技術像睪丸一樣，已經過時了。相反，男人們都用各種手法拼命掩飾。新幾內亞原始部落的男人習慣戴陰莖鞘，他們一般要準備好幾副，早晨出門前就像選領帶一樣找一副戴上再出門。那玩意兒又粗又長，像大黃瓜般套在兩腿之間高高豎起，頂部幾乎抵達胸口，上面裝飾有漂亮的羽毛和貝殼，乍看之下驚豔絕倫，常被學界看作是用誇張的方式證明自己的性能力，似乎確實是爲了炫耀。但我認爲那只是極具地方特色的文化現象，而非普遍現象，基本就是某種形式的內褲。

另一個解釋是失控理論，這個理論的要點是：雌性在選擇雄性作爲配偶時，一般無法做到全面衡量，而只是取其某個特徵作爲判斷優劣的標準。比如雌孔雀會無厘頭地認爲雄孔雀尾巴越大越好看，於是雄孔雀不得不努力發展尾巴以討好雌性，結果失控了，尾巴長得太大，以至於成了影響生存的廢物。男人的陰莖正是如此失控的結果。

累贅理論和失控理論有著共同之處，兩者可以解釋同一現象，都試圖給出某種性狀超出正常範圍的原因；不同之處在於對動物意志的理解，似乎累贅理論更爲主動，失控理論則稍顯被動。

還有一種觀點認爲，陰道內環境其實很不利於精子生存，那裡並不是一條舒適的賽道，而是佈滿了陷阱的黑暗深淵，每個陷入其中的精子都要面對死亡的威脅——酸性環境很容易殺死精子，大量白細胞和抗體都對精子虎視眈眈，能活下來的少之又少，後面我們會詳細討論這個問題。總之，如何在陰道中奮勇前進對精子是一場嚴酷的考驗，戰線拉得越長，死亡率就越高。男人無疑不希望自己的精子遭受滅頂之災，所以每次都要射出遠超實際用量的精液以保護主力前進，而且會努力用長長的陰莖來護送精子一程，借此減少陰道對精子的磨煉——你不能指望精子全靠自己的力量跨越千山萬水。這是一場漫長的軍備競賽，競賽的結果就是現在這個樣子，男人的陰莖遠遠超出了實際的需要，比擁有大睪丸的黑猩猩還要長，但卻仍然探不到陰道的盡頭。

這個觀點聽起來合情合理，幾乎挑不出毛病，但是龜頭卻不願意——如果只有長度最重要，那麼頂部爲什麼要長成龜頭模樣呢？那簡直像是剛出土的小蘑菇，還有結構精密的冠狀溝，以及不辭辛苦翻覆自如的包皮，所有這些難道都可有可無嗎？黑猩猩和大猩猩就不是這樣，人家的陰莖如同鉛筆一樣簡潔明快，也沒有影響生殖。人類如此複雜的龜頭設計有什麼必要呢？

這才是問題的核心，超長的陰莖只有結合龜頭一併考慮，才會接近問題的本質，我把它稱爲「挖掘機理論」。這個理論有力地表明，人類的陰莖並不是什麼誇張的擺設，更不是無用的累贅，而是功能強大的實用工程機器。

該理論認爲，陰莖不只是要把精子射進陰道，還要負責把其他人的精子給挖出來，從而製造一家獨大的局面，以提高授精概率。挖掘的手段，就是用設計精巧的龜頭——冠狀溝可以將情敵的精子成功鏟出，陰莖向外抽動時，包皮迅速補位，包住冠狀溝裡的精子，拖出陰道再次插入時，包皮被自然翻開，借助陰道壁的作用將精子排擠到外面。如此反覆不停地進出運動，則陰道內原有的精子將被抽刮得所剩無幾。

既然是挖掘機，當然是機體越長挖掘效果就越好，這就是長陰莖的重要意義。我們不必問挖掘機技術哪家強，其實每個男人都具備熟練的挖掘技藝。當然，技術再好，持久戰也需要消耗過多的能量，男人必須尋找一個平衡點，這導致他們會儘量拖延挖掘時間，但感覺每次時間都太短。

明白了這一點，也就明白了爲什麼男人在每次性交之後都有一段「不應期」，也就是陰莖在射精後迅速疲軟，短期內難以勃起，至少要三十分鐘後才有可能開始下一次運動。

挖掘理論認爲，男人的「不應期」其實是在爲剛剛射出的精子留出足夠的游泳時間，而不是剛剛射出後，又通過二次戰鬥把它給挖了出來。可以設想，沒有不應期的猛男會有什麼下場。他們可能一直埋頭苦幹，把自己辛苦射出的精子全給挖了個精光，陰道裡面被清除了個乾乾淨淨。請問，他將如何留下自己的後代？

那麼，黑猩猩爲什麼不需要在陰莖前方加一個龜頭和一個「鏟子」呢？那是因爲黑猩猩的精子與人類精子的黏度不同，牠們精液的黏性更大，射出以後迅速在陰道內形成凝膠狀結構，很難再挖出來。爲此，牠們進化出了另一種重要的工具，在分子水準與對手的精子展開隱蔽的競爭，那就是水解酶系統。黑猩猩用於水解對方精液的酶系統突變更多，進化更快，從而能更有效地突破對方的封鎖，直到把自己的精子送進子宮。黑猩猩需要的不是挖掘機，而是生化鑽井機。

正是基於這一原理，較長的陰莖確實對男人有利，是應對女性持續發情的重要策略，是更好繁殖後代的重要工具。

男人丟失的那根骨頭

很多哺乳動物，比如貓和狗，以及絕大部分靈長類動物，牠們都有陰莖骨，就是在陰莖中間起支撐作用的一根小骨頭。陰莖骨往往不與其他骨骼相連，可以極其靈活地調整方向和角度。

陰莖骨的首要任務無疑是助力交配，確保陰莖隨時處於待命狀態，只要機會來臨，便會以迅雷不及掩耳之勢直擊靶心。所以，有陰莖骨的動物交配速度大多很快，有時在數秒內就結束戰鬥，於短兵相接的一瞬間便已分出勝負。這便是陰莖骨的第一招：快！

有些動物交配過後會在陰道內留下凝膠狀的陰道栓，以此封堵後來的精子。作爲應對之策，陰莖骨就顯得異常重要，它可以強力刺破前任留下的封鎖線。這是第二招：破！

有的陰莖骨簡直就像是數字5一樣彎曲複雜，奇特的造型可以對陰道產生強烈的刺激效果，從而促使雌性迅速排卵。這是第三招：狠！

有些動物在發情期會抓緊時間無節制地交配，事實上起到了霸佔陰道的作用。另一種霸佔陰道的策略則更爲直接，比如狗，會把陰莖鎖在陰道內，任憑旁觀者如何急得抓耳撓腮，牠們仍然難捨難分，直到完成交配流程，把自己的精子送進子宮。這是第四招：拖！

在某些場合下，陰莖骨還是強姦的幫兇，特別是那些不會調情的動物，只得依靠暴力征服雌性。

雌性雖然無處申冤，但陰道抵抗力卻很強，突破緊緊關閉的陰道的最有效工具當然就是陰莖骨。這是第五招：硬！

但令人費解的是，陰莖骨在兩性交配中的作用如此重要，男人卻偏偏丟失了這把利刃。人類爲什麼要搞特殊化？對有些人而言，那不但是巨大的肉體損失，而且是巨大的精神損失，在某種意義上，甚至是巨大的經濟損失——他們不得不花費大把金錢購買威而鋼之類的壯陽藥。

一個簡單的觀點給出了簡單的解釋：因爲人類的精液黏性較低，不會形成凝膠，也無須強有力的陰莖骨作爲開路先鋒。但這種解釋並沒有回答人類爲什麼「必須」丟掉陰莖骨。而且，我們現在還無法證明，是精液黏性先降低，還是先丟失了陰莖骨，說不定兩者存在著逆向因果關係。

比較合理的看法是，就算在平和的交配運動中，陰莖骨也可能帶來不必要的麻煩。人類持續發情導致性活動花樣繁多，出現誤傷的概率很大。海綿體的好處是，撞破以後有自愈的可能，而如果換成陰莖骨，一旦出現骨折，恐怕就不是小事——我們很難給陰莖打石膏。這樣看來，丟失陰莖骨其實是爲了保護男人，這符合一般進化論邏輯。

丟失陰莖骨以後，導致陰莖硬度明顯降低，大大減弱了陰莖的敏感性，因此延長了交配時間，讓男女在交配中獲得了更多的快感，對鞏固婚姻及繁衍更多的後代有好處。所以，丟失陰莖骨仍然是男性應對女性持續發情的策略，同時起到一定的自我保護作用。

人類扔掉陰莖骨的同時，等於放棄了過度交配的可能，所以有資格長期發情，一年四季都可以有節制地做愛，且不會因此而拖垮身體。這是對女性隱蔽排卵、持續發情的最有效回應，進而促使男女維繫相對穩定的配偶關係，對人類進化無疑是重大利多。

男人巨大的睪丸和超長的陰莖，以及丟失的陰莖骨，可能是極具因果關係的系統事件，是應對女性隱蔽排卵和持續發情的重要策略，共同的目標是把更多的精子有效射進女性的陰道，以便在陰道內展開更加激烈的精子競爭。女性當然不甘落後，爲了強化對精子的篩選，陰道也變得越來越長，性交時還會變得更長，隨時準備對外來的精子展開嚴刑拷打，只看誰能笑到最後。這是進化戰場上的軍備競賽，男人和女人都是這場較量的勝利者。

第八章　那話兒的進化（女人篇）

總會有那麼一個精子，在正確的時間和正確的地點找到了正確的卵子，它會奮勇鑽探，直到把自己的基因注入卵細胞內。當接受了一個精子以後，卵子就會關閉外殼，並且高速旋轉，以此防止其他精子再行侵入。對精子而言，第二名常常得不到任何獎勵。

從科學的視角來看，交配工作其實是一場進化戰爭，首先需要男女雙方共同上場，沒有匹配的對手就沒有眞正的較量，無縫對接的雌雄生殖器是這場戰爭的烽火前線，那裡一直硝煙四起、喊聲震天。雙方都在爲了應對對方的變化而變化。在男性獨特的生殖器驅使之下，女性生殖器必然也要成爲人體進化的關鍵位點。

有人把陰道比喻爲人體娛樂中心，其實，陰道最正宗的職能是精子集散中心，核心任務是檢測精子品質，淘汰不合格精子。所謂娛樂中心，只是對高度緊張的檢測工作的精神獎賞，是隱蔽排卵的娛樂表演現場。

精液的成分相當複雜，會游動的精子只占其中很少的一部分，此外還有大量的酶和微量元素，並有果糖爲精子起跑提供能量，還可以維持基本的滲透壓及酸堿平衡。失去精液保護的精子在數分鐘之內就會迅速凋零。換句話說，精液提供了強大的後勤保障，爲的是讓精子在射進陰道後存活的時間更長。

或許有人會懷疑，難道爭先恐後、噴薄而出的精子在陰道內還需要額外保護嗎？那裡不是精子嚮往的天堂嗎？那裡沒有唾液水解酶，也沒有大腸桿菌，溫度正好，精子應該可以在其中任意遨遊，怎麼會有其他風險呢？

一切都是泡沫，眞相完全相反，陰道內部其實是殘酷的精子屠殺場。

精子大屠殺

一名健康成年男性每次射出的精子在數千萬到兩億之間，一生的射出總量簡直就是天文數字，但又能有幾個精子修成正果呢？數一數他們的孩子就知道了。從統計學意義上來說，每個精子的成功率幾乎爲零。也就是說，絕大部分精子都在瞎折騰，它們被快速投入深淵戰場，並在那裡遭受四方夾擊，左衝右突，奮力求生，生存概率卻可以忽略不計。

陰道內部並不適於精子生存，這個事實曾經令科學家萬分震驚。簡單的理解是，陰道排斥精子只是對抗異物感染的普通手法，精子並非貴賓，恰恰相反，反倒常常是不速之客，加上大小與細菌相近，抗原性也很強，更不要說精液中往往會夾雜著順道而來的各種病毒，所以同樣被列爲免疫排斥的對象並不值得奇怪。

陰道抑菌的原理很簡單——黏膜上皮附著有大量乳酸桿菌，可以將糖原分解爲乳酸，從而使陰道保持較強的酸性環境，以此抑制其他致病菌的生長。而陰道上皮糖分的多少又與雌性激素的分泌水準有關，內分泌正常的健康女性，陰道乳酸菌生長也比較穩定，內環境就越清潔。精子根本無法適應那裡的酸性環境。爲了對抗強烈的酸性環境，精液中含有某些鹼性物質，可以中和陰道內環境，對精子起到臨時保護作用。

女性如果性交時有明顯的愉悅感，在男性射精前達到性高潮，陰道就會分泌大量鹼性液體，對原有的酸性環境起到很好的中和作用，保證奮勇出征的精子不會出師未捷身先死。由此可知，性愛前的調情和撫摸有多麼重要，很好的前戲才能有效調節陰道內環境，改變酸鹼度，更有利於精子存活。

精子明知陰道絕非久留之地，爲了迅速逃離這片死亡陷阱，同時也是彼此競爭的需要，它們不惜輕裝上陣，扔掉了幾乎所有細胞質，把原本存在於細胞質中的線粒體大規模轉移，密集地包裹在精子尾部，專門負責提供前進的動力。一時間，陰道內千舟競發，百舸爭流，大家都在爭先恐後地向著終極目標奮勇前進。

有一批精子勇士雖然成功擺脫了酸性環境，但同時也丟掉了防護設備，脫離了精液保護的精子基本處於裸奔狀態，此後將要面對更爲嚴酷的挑戰。有的精子因得不到足夠的果糖而失去了動力，確實累死在了路上；有的則失去了方向感，跑錯了地方，當然也只有死路一條。當先頭部隊歷經艱險抵達子宮頸時，大約只剩一百萬左右，僅是出發時的百分之一。

先鋒隊在子宮頸口很快遭到子宮頸黏液的封鎖，其中含有大量黏蛋白，濃度受雌激素水準影響。在排卵前期，雌激素水準升高，子宮頸黏液變得稀薄透明，富含多糖和維生素等營養物質，可以爲精子提供後續能量，健康的精子得以迅速通過。但另一方面，子宮頸黏液就像是巨大的分子迷宮，並且沒有任何指示路標，很多精子被搞得暈頭轉向，只好原地打轉，無奈地等待死神的降臨，何況那裡還埋伏有封殺精子的強大火力網和另一個可怕的死亡陷阱。

射精數分鐘後，子宮頸黏液中就聚集了大量白細胞和抗體，有些抗體專門針對精子，與蜂擁而至的精子狹路相逢，只要目標出現，無論死活，一律絕殺。有些女性就是因爲精子抗體過多，結果直接導致不孕。除了白細胞和抗體，精子還要面臨自相殘殺的困境，特別是同時出現兩個以上男人的精子時，戰爭將更爲複雜與詭異。

就算經歷如此殘酷的劫難，精子仍然沒有死絕，殘餘力量會繼續挺進，它們很快就可以接近終極靶標，但在此之前還要押注一次關乎生死的賭博——前面將會出現兩條輸卵管，其中只有一條準備了成熟的卵子，另一條則玩起了空城計。路口沒有指示牌也沒有紅綠燈，精子別無選擇，只能分頭前進，有一支隊伍必定撲空，同時也就意味著死亡。那不是子宮在玩弄精子，之所以需要兩條輸卵管，只是準備了一份備胎而已，萬一某條輸卵管堵塞，另一條照樣可以行使生殖功能。

最後眞正能夠到達受精部位的幸運兒所剩無幾，大約只有一兩百個，相比於出發時的上億大軍，死亡程度不可謂不慘烈。然而它們並不都能笑到最後，有幸能和卵子結合的名額只有一個，很少會有兩個，其他精子都將成爲殉葬品。更爲可怕的是，在大多數情況下，受精大廳裡都是空空蕩蕩的，沒有卵子，精子只不過是偶爾路過，並在當地悄然死去。

但總會有那麼一個精子，在正確的時間和正確的地點找到了正確的卵子，它會奮勇鑽探，直到把自己的基因注入卵細胞內。當接受了一個精子以後，卵子就會關閉外殼，並且高速旋轉，以此防止其他精子再行侵入。對精子而言，第二名常常得不到任何獎勵。

這時，我們將要考慮一個眞正有深度的問題：陰道爲什麼要給精子製造如此多的麻煩呢？它是想逼迫精子另尋出路嗎？當然不是。女性的身體之所以採取無情的截殺策略，必然有著合理的依據，否

▲男性每次射出的精子在數千萬到兩億之間，但能和卵子結合的名額只有一個，從統計學意義上來說，每個精子的成功率幾乎為零，它們在身體迷宮裡左沖右突，奮力求生……然而笑到最後，有幸能和卵子結合的名額只有一個，很少會有兩個，其他精子都將成為殉葬品。

則這一性狀不可能得到有效進化。

放眼動物世界，很多雌性的生殖系統都對雄性的精子提供一定的保護，因而大大延長精子的存活時間。比如切葉蟻蟻后能儲存數億精子，足夠連續使用十多年。一些鳥類和爬行動物都有類似的本領，很多哺乳動物也比人類女性對精子更友好，可能的原因是牠們有固定的發情期，精子得之不易，不像人類持續發情，一夜醒來，競技場裡的精子雖然陣亡殆盡，但新的軍隊已經整裝待發，自然沒有必要保存精子。

這就是陰道對精子展開無情屠殺的根源，持續發情導致女人不再擔心精子來源，而更關心精子的品質與新鮮度。清除精子只是表面現象，不然陰道就與其他開放性傷口沒有本質區別。如果精子可以長期存活，無疑對男人有利而對女人不利。男人完全可以在射精後便轉身離去，反正他的精子將會長期存放在女性體內，對卵子守株待兔，確保女人無可避免地懷上他的孩子。但陰道對精子的截殺則使這個「陰謀」很難得逞，一次性留下的精子不可能像其他動物那樣有較長的保質期，它們在陰道內的壽命正好和人類作息間隔一致，授精能力僅能維持二十個小時左右。那絕不是巧合。交配後就溜之大吉的傢伙很難留下後代，那是陰道對負心人的暗黑報復。只有長期居住在一起，並且保持一定的性交頻率，才能得到有效的遺傳回報。所以，女人有理由不儲存精子，取而代之的策略是不斷向男人索取新鮮精液。這是男女在一起長相廝守的生物學基礎。

綜上所述，陰道是對精子進行嚴格考驗的深淵戰場，而不是理想中的溫柔之鄉。主要的進化動力是爲了得到最優秀的精子，同時迫使男人源源不斷地供貨，那是爲隱蔽排卵提供的保障措施。但要想成功拴住男人並維持穩定的婚姻關係，女人還需要設置更多的保險技術，對精子的截殺只是第一道屏障，另一條更重要的防禦措施則可能是所有人都不曾料想到的。

月經是本難念的經

幾乎所有女性都要忍受月經帶來的痛苦和不便，還必須承擔潛在的風險——每個月經週期都是一次激素的潮汐，就像海水沖刷海岸，內分泌水準存在明顯的波動，激素波動也會增加卵巢癌等婦科疾病的概率。如果月經初潮後遲遲不懷孕，患乳腺癌的機率也會同步增加。更不要說還有惱人的痛經如影隨形地陪伴左右。很多女性考慮下輩子做男人還是做女人時，都因爲月經而放棄了現有性別，她們可能每個月都會憤怒地責問一遍：人體不是進化的產物嗎，那女人爲什麼非要來月經呢？每個月定期出血到底有什麼科學道理？

對於進化生物學而言，月經、絕經與痛經，本本都是難念的經，沒有一種現象能得到簡單合理的解釋。因爲不但要解釋女人爲什麼有月經，還要解釋其他雌性哺乳動物爲什麼沒有月經，雖然那不是什麼嚴格的規律，總有一些動物破戒，大象也有月經，有些蝙蝠也來月經。更可怕的是，有時還要回答男人爲什麼沒有月經之類愚蠢的提問。

月經的生物學機制非常簡單。女性進入青春期後，卵泡成熟，通過一系列的激素刺激子宮內膜增生，在雌性激素高峰期促進卵泡排卵，此後各種激素水準迅速改變。歷經這般風起雲湧、潮漲潮落的洗禮後，如果沒有受孕，則子宮內膜壞死脫落，進而伴隨出血形成月經。

有一種值得欣賞的理論，把月經看作保持子宮內膜新鮮程度的手段。子宮內膜是胚胎生長基地，務必保持新鮮與活力，因此需要不斷更新。要想長出新的內膜，就必須定期替換舊的內膜，脫落是最好的措施，至於出血，只是內膜脫落的副作用——脫落的過程必然涉及血管的破裂。這個理論聽起來非常漂亮，但有一個小小的不足，就是不能很好地解釋爲什麼月經在動物界不是普遍現象，難道其他動物都不需要更新子宮內膜嗎？

有個值得考慮的重要觀點是，子宮屬於開放性器官，雖然有陰道作爲屏障，但陰莖帶有大量細菌，精液本身也極易攜帶病原體，它們可能借助精子一同侵入子宮。特別是由於人類隱蔽排卵導致的持續發情和幾乎不間斷的性交，感染概率比定期發情的哺乳動物大爲增加，所以子宮有必要定期清洗，最簡單的方法是脫落子宮內膜並伴隨出血，雖然有一定的物質損失，卻能保證機體健康。

與人類情況相近的黑猩猩也面臨同樣的困擾，群交造成的污染更爲複雜嚴重，子宮當然也需要月經沖洗，而且劑量並不比人類少。有月經的蝙蝠也一樣，牠們多在夜晚活動，漫長的白天無事可做，交配幾乎是唯一的樂趣。

很快，這個理論就得到了進一步拓展——月經不僅可能限制病原體，而且可以限制鐵元素，體內含鐵量過高可能導致血紅素沉澱，很多新生嬰兒患有黃疸，大多是血紅素沉澱的結果。身體積聚過多的鐵元素會引發代謝異常，定期排血可以有效調節鐵含量，所以女性幾乎沒有血紅素沉澱症。

排鐵還可以限制細菌生長，因爲所有細菌都需要鐵元素，瘧原蟲攻擊並裂解紅細胞就是爲了得到鐵。但人體鐵元素大多被控制了起來，有多種蛋白專門與鐵結合，叫作螯鐵蛋白，一旦細菌得不到足夠的鐵，就像動物得不到氧氣，根本無法在人體內生存。

西方曾經盛行放血療法。達爾文就曾多次試過，他的女兒安妮就是經放血治療無效後死亡的。現代醫學已經放棄了這種療法，並認爲那是愚昧的行爲。但用限鐵機制重新加以考察，放血療法可能存在一定的合理性，就像是人爲的月經，放出了血也就等於控制了鐵，進而制約細菌的生長。與之相對應的是，感染期間人體一般會出現暫時性貧血，可能是身體對抗細菌的重要措施，如果隨意補鐵，不但不會提高免疫力，反而會加重感染，這可能是民間在炎症期間忌吃某些含鐵量較高的所謂「發物」的主要原因。可見，體弱貧血有時是一種自我保護。發燒也可以控制細菌攝入鐵元素，細菌嗜鐵蛋白在溫度升高以後就會失去攝鐵作用，這被看作對抗細菌感染的重要手段。經檢測，月經血的營養物質含量較少而含鐵量較高，似乎正符合限鐵機制的邏輯。

其他哺乳動物之所以少見月經，仍然是因爲牠們有固定的發情週期，交配次數遠遠少於人類，細菌感染的威脅也遠遠低於人類，對此不必動用月經的限鐵機制。

這一理論還可以解釋男人爲什麼沒有月經。他們不必擔心被別人的陰莖強行帶入外來細菌，就算這種情況眞的發生，也會被控制在腸道內加以解決，所以男人沒有排鐵的必要，當然也就不需要月經。

有一個重要的事實似乎支持這一觀點——對非洲衣索比亞等較不發達地區的調查表明，凡在月經初潮之前就開始性生活，盆腔炎等婦科疾病和宮頸癌發生率顯著增加，這提示月經確實具有抗菌健身的作用，過早開始性生活的女性沒有月經保護，因而更容易感染。

但這個理論並沒有讓月經問題塵埃落定。有調查表明，在月經前後，陰道細菌含量並沒有顯著變化，女性受到感染時月經量也不見增多，和性交攜帶的細菌數量似乎也沒有線性關係。說了半天，難道這個理論一無是處嗎？

進化是需要流血的

事實上，只要把這場戰爭的主角換成另一位明星，說不定表演效果會更加精彩。那是另一齣更加駭人聽聞的演出，或者說是發生在人體深處的血淋淋的進化戰爭，絕對比子宮對抗細菌更震撼。有人認為月經其實是子宮對抗胚胎的結果，雖然我們此前沒有發覺，但戰爭一直在進行，每個月都在不斷重複，自遠古持續到如今，從不停歇，月經是直接的血證。

胚胎要想發育成胎兒，就必須在子宮內膜扎下根來，像種子撒播在土地上，然後才會長出枝幹和葉子。很多人誤以為子宮內膜是種植胚胎的良好土壤，但在小鼠身上的實驗卻令人大跌眼鏡。科學家把胚胎輕鬆地移植到小鼠身體的很多部位，比如腹腔、胸腔等，甚至在後背都可以生長，但所有人都沒想到，最難讓胚胎扎根的地方竟然是子宮內膜。這是什麼道理？

原來早期胚胎具有癌的性質，可以迅速擴增，只要營養充足，基本都可以生長。但胚胎卻受到了子宮內膜的強力狙擊，因為胚胎著床就意味著要從母體吸取大量營養和能量，導致胚胎與子宮內膜之間存在激烈的拉鋸戰，只有最強大的胚胎才能征服子宮，成功扎根並最終長成胎兒。子宮並沒有乖乖地被動等待，而是把內膜變厚，阻止胚胎與基底層血管接觸，否則胚胎就將接通血管並通過臍帶吸取母體血液。這場戰爭最終將以一方失敗而告終，子宮失敗的結果就是懷孕，胎兒將在子宮中不斷成長，直到成熟排出體外，成爲母親最疼愛的寶貝，並在她的懷中繼續幸福地吸吮她的乳汁。

萬一胚胎失敗了怎麼辦？失敗的胚胎自然會死掉，成爲死胎，如果死亡之前仍處於遊離狀態，就不會產生惡劣後果。萬一在死亡之前已經著床，只是還沒有形成臍帶連接，情況就會比較糟糕；更惡劣的是已經著床卻沒有死掉，但又無力再對子宮展開進一步攻擊，就那麼不死不活地黏在子宮內膜上，這時子宮必須做出反應，否則後果不堪設想。但子宮並沒有智慧化的反應機制，只能用簡單的物理化學手段解決。爲了保證清除報廢的胚胎，最安全的措施是每次排卵後都定期對子宮進行一次大清洗，清洗的方法是剝落一層子宮內膜，連帶可能死亡的胚胎一道排出體外。這個程式不斷地機械重複，就算沒有胚胎威脅也會照樣操作一遍，直到有一天被胚胎征服並懷孕爲止，那時月經自動停止，因爲子宮已經沒有清洗的必要。

事實上，這種可怕的大清洗在自然狀態下不會重複太多，原始時期的女人會早早懷孕，並且由於缺乏避孕措施而不斷懷孕，很少因爲月經而造成貧血。這種看起來很笨的方法，是對女性身體的有效保護，僅在不得已時才出手干預，只是在現代文明社會才成爲常態——她們懷孕的次數實在是太少了。

類似的清洗在自然界中並非罕見，巨大的座頭鯨身上可能會長滿了藤壺。那是一種討厭的甲殼動物，會頑強地附著在礁石或船底等任何可以附著的表面，其中就包括鯨魚，而鯨魚並沒有什麼好辦法把這些可惡的附生物剔除掉，牠們無人搓背，任其寄生又會造成巨大的營養損失和其他疾病。鯨魚的反擊非常簡單，定期把皮脫掉，就像脫去外套一樣，連同藤壺一道徹底拋棄。有時爲了更好地生活，

▲座頭鯨身上長滿了藤壺。那是一種討厭的甲殼動物，會頑強吸附在座頭鯨身上。座頭鯨的反擊非常簡單，定期把皮脫掉，連同藤壺一起拋棄。

不得不做出適當的犧牲，這是應對自然選擇的必然代價——自然選擇並沒有義務製造最舒適的生活環境。

這個理論眞的可以更好地解釋男人爲什麼沒有月經——他們不需要對抗胚胎，當然不需要月經。其他哺乳動物的排卵數量和發情週期並不密集，交配次數遠低於人類，因而很少需要月經沖洗胚胎。其中的邏輯與對抗細菌完全一致，只不過更換了演員而已。

從這種意義上說，月經也是隱蔽排卵的產物。正因爲隱蔽排卵造成的持續發情，我們交配的次數才遠遠多於其他動物，子宮被劣質胚胎侵入的機會也相應提高，這才不得不運用月經機制加以沖洗。

子宮內膜週期性重建需要一定的時間，很多人的週期是二十八天，多幾天少幾天也屬正常。這個週期尺度應該是長期進化的結果，是在營養損失與保持健康之間維持最佳性價比的結果：週期太短，出血太過頻繁，無疑人體會因失血過多而難以維持；週期太長，出血太少，則內膜不足以保持新鮮狀態。經過如此反覆博弈，就出現了當下的月經週期，既不至於出血太多，又不至於讓內膜太陳舊，時間長度經過了自然選擇極苛刻的計算，結果就是女人現在的樣子。具體時間可能與各人身體狀況及營養供應有關，但肯定不是月亮惹的禍，因爲所有人的週期並不同步，而月亮的週期只有一個，所以，月經與月亮的圓缺完全沒有因果關係，大致每月一次的節律只是巧合。

如果月經是正常的進化現象，那麼爲什麼要有痛經？難道這場戰爭很痛嗎？

如果說月經多少都可以找出點兒合理的解釋，痛經就難辦多了。自然選擇給女性安排了月經，然後又給她們帶來了驚天動地的痛經。如此令人身心俱疲的玩法到底是要鬧哪樣？

有人猜測痛經會不會是一種聲訊信號，她們嗷嗷亂叫其實是在提示男人月經來了，來月經也意味著到了性成熟年齡。要眞是這樣，極可能性交是緩解痛經的有效方法。

很不巧，這似乎是一個很色情的事實——痛經分爲原發性和繼發性兩種，原發性痛經確實可以通過性交加以緩解，那主要是由於子宮頸狹窄或者扭曲導致出血不暢造成的，性生活可以疏通陰道，刺激子宮口和彎曲部擴張，排血順暢後，疼痛自然緩解直至消失。如此說來，男人有時確實是一味效果不錯的生藥。

如果痛經眞的是聲訊信號，可能確實具有一定的進化意義，只是這種意義很値得懷疑，沒有痛經反而會得到更好的性生活。所以一般而言，我們不把原發性痛經看作適應性狀，而主要是對月經的不適應。它沒有什麼致病因素，最大的致病因素就是月經。沒有月經，也就沒有痛經。

但繼發性痛經不同，那需要考慮盆腔炎症等諸多婦科疾病因素，只靠性交根本無法解決，說不定還會加劇症狀，最可靠的辦法還是去找醫生。

除痛經以外，「經期同步」也是一個有趣的現象，儘管這一現象仍有爭議，但不斷有研究報導經期同步的客觀性，同時也會聽到一些關係親密的女性神秘兮兮地聲明這種事情確實存在，有人認爲這與激素揮發及互相影響有關。可是，女人爲什麼保持與朋友經期同步的能力呢？

這種追問可能純粹是閒操心，經期同步就算眞的存在，也極可能只是巧合而已，畢竟一個月只有那麼幾天，總有人同時來月經；也或者是受到相似環境影響的結果，比如在同一間宿舍吃著相似的食物，過著相同的生活節奏，起居時間也大致相同，結果導致生理週期相同，未必有什麼進化意義。

▲每個女人都要忍受月經帶來的痛苦和不便，那幾天內分泌紊亂，脾氣也變得暴躁。女人們不禁憤怒地責問：女人為什麼非要有月經呢？如果月經是正常的進化現象，為什麼還要有痛經？如此令人身心俱疲的玩法到底是要鬧哪樣？

另一種觀點相信，經期同步是客觀現象，在小鼠那裡似乎存在相關的線索：共同生活的雌性小鼠會同步發情，大家可以在有限的發情期內從雄鼠那裡收集更多的精子，錯過同步發情期，也就錯過了精子超市出血大拍賣的良機。

女性經期同步可能存有類似原理，但由於隱蔽排卵，經期同步與同步發情的關聯不大，她們事實上一直處於發情狀態，所以雌性競爭尤其激烈。女性處於相同的生態位，有著相似的年齡和性需求，錯開月經週期就會給男人更多偷腥的機會，經期同步可能是扼制男人花心的有效手段，同時在一定程度上激化精子競爭水準。如果真是這樣，經期同步就不再是簡單的巧合，更不是進化的副作用，而是男女博弈的一個側面寫照，是隱蔽排卵的一個小小花絮。

絕經漫漫談

毫無疑問，月經有一個開始，也應該有一個結束，有始有終才符合哲學邏輯，但結束的方式非常奇怪——女性在四、五十歲左右就會絕經，並同時失去生育能力，然後在了無月經的寧靜時光中度過幾十年的清淨歲月。而男人則不然，他們從十幾歲產生精子，並終生保持這種能力，結束的方式就是死亡。男人的身體性狀一直都容易理解，頑強地保存生殖能力完全符合自然選擇的一般法則。但另一方面，女人也可以理解爲生育機器，可是停止生育後，她們卻還能活上幾十年。對比鮭魚在產卵之後隨即死在卵子身邊的決絕與果斷，人類對生命的拖延和留戀顯得與眾不同。

主動失去生育能力對於自然選擇而言非常不可思議，她們爲什麼不像男人那樣把生育能力維持到生命的最後一刻呢？絕經背後肯定隱含著某種重要的進化意義，問題是意義何在？

隨之而來的另一個問題也同樣引人關注：她們爲什麼選擇在四、五十歲左右絕經，而不三十歲或者六十歲左右？很明顯，如果六十歲絕經，還有機會再生育兩到三個孩子，不是可以獲得更多的遺傳回報嗎？她們爲什麼捨棄這道最後的晚餐？拒絕這些遺傳回報能得到什麼意外的好處呢？我們面臨著一個極其矛盾的邏輯：難道提前結束生育期能夠得到更多的後代嗎？

關於絕經的研究並不多見，被廣爲認可的解釋是：絕經現象原先並不存在，四、五十歲本來就是女性的自然壽命，而且已經算是長壽了，只是隨著文明的進步，營養與衛生條件不斷提高，女性壽命不斷延長，可是生育能力的進化速度沒有趕上生命延長的速度，仍然停留在四五十歲左右，後面的生命只好空載運行，因此出現了絕經假象。結論是，遠古的女人從來不知絕經爲何物，絕經是文明發展的結果，並非本來就有的自然現象。對原始人類的壽命估值，也大致支持這種觀點——她們基本都活不到絕經期，或者說，她們確實到死都維持著生育能力。

這個理論聽起來非常漂亮，麻煩只在於無法解釋女人的消化能力、供血能力、免疫能力等其他生理功能都跟上了生命延長的步伐，爲什麼獨有生育能力止步不前呢？考慮到所有生理功能都應該爲生育服務，情況就顯得更加詭異，等於說主人已經餓死了，可是幾個僕人倒是個個吃得肥頭大耳、活蹦亂跳的，天下沒有這樣的道理。

這個理論還無法解釋男人爲什麼一直保持生育能力——如果女人的生育能力沒有跟上壽命的步伐，男人爲什麼能跟上呢？就算男人保持了生育能力，他們又該找誰生孩子去呢？他們的老伴不是都已絕經了嗎？

這種極其詭異的現象必須有更加合理的解釋，我們仍然需要新的理論。有一種觀點放眼天下，觀察所有哺乳動物，而不是只盯著人類，然後指出生育能力隨著年齡減弱是普遍的自然現象，並非人類所獨有，大可不必奇怪，當然也不需要進化方面的解釋，就像老了走不動路、吃不動飯一樣，生不了孩子也很正常。

但事實是，在野外很難發現與人類相似的情況，很少有動物在喪失生育能力後仍然苟活於世，相反，倒是能找出很多生育之後立即死去的典範，除了逆流而上勇闖灰熊陣的鮭魚，深海之下的大型章魚也是如此，牠們會拼盡一生精力產下數萬後代，隨後悄然死去，屍體同時變成了卵子孵化的營養——對牠們而言，沒有繁殖能力的生活完全是浪費時間。這種例子比比皆是，只有人類例外。

據說眞正與人類情況相似的是巨頭鯨，牠們可能在三十多歲開始絕經，其後繼續生活十幾年，沒有任何生育的動機；或許還有其他動物存在絕經期，但都缺乏在野外條件下的嚴格觀察認證。人類的那些近親，比如黑猩猩和大猩猩之類，已經得到比較詳盡的研究，好像並沒有觀察到眞正的絕經期，這種說法應該留有餘地，畢竟對牠們的了解遠沒有達到透徹的程度。儘管如此，人類的絕經現象在自然界也算得上非常特殊，並非不需要解釋。

有人認爲這個問題確實需要解釋，但已經得到了解決，答案早已寫在教科書中：女性的卵細胞數目在出生時就已經固定，此後只會不斷減少而不會增加，經過數十年不間斷的損耗，大量卵細胞已經消亡，到五十歲左右已經沒有健康的卵子可用，也無法產生足夠水準的雌性激素，索性絕經。

可是教科書提供的只是生理水準的解釋，只說明卵細胞已被耗盡，卻回避了卵細胞爲什麼會被耗盡。烏龜的卵細胞可以存活六十年以上，人類爲什麼不可以？她們爲什麼要在仍有生育機會的時候就耗盡卵細胞呢？

聰明的做法是把絕經與月經的功能聯繫起來。既然月經可能是爲了沖洗子宮對抗感染或者胚胎，絕經可以理解爲此類威脅已經消除，直白點兒說就是不再有性生活，或者沒有了性生活預期，從此她們不再需要月經沖洗子宮或者對抗胚胎著床，因此不如絕經。

從邏輯上說，如果對月經的理解正確，這個觀點就沒有什麼錯誤，但卻不是絕經的有效答案，而只是把問題轉換了一下，從爲什麼絕經變成了爲什麼沒有性生活。

失之東隅，收之桑榆

有時，女人沒有性生活的另一層意思是，男人缺乏興趣，拒絕配合。當缺少交配對象時，繼續保持生育能力就是浪費，自然選擇傾向於淘汰無用的性狀，絕經是非常合理的結果。

現在我們需要繼續追問：男人爲什麼對絕經的女人缺少興趣呢？

這正是某個理論想要回答的問題，不知道是不是應該稱之爲「嫌棄理論」。嫌棄理論認爲，絕經並不是停止生育的主動行爲，而是失去生育機會被迫呈現的被動結果，或者說，因爲她們失去了生育機會，所以不得不絕經——沒有生育機會的月經是無意義現象。男人性交的動力是卵子，而不是月經。老年婦女不會受到騷擾在於男人嫌她們老了，存心不願意騷擾——絕經是男人嫌棄的結果。

這種激烈的觀點很快遭到了激烈的抨擊。反對者指出，女人絕經就是出於主動停止生育的需要，而絕不是被男人嫌棄的結果，恰恰相反，被男人嫌棄是女人停止生育的結果。是女人塑造了男人，而不是男人塑造了女人。也就是說，她們是由於絕經而被男人嫌棄。假如老年女性仍然保持旺盛的生育能力，也就不會被嫌棄。

到底是由於男人嫌棄而導致女人絕經，還是因爲女人絕經而導致男人嫌棄，這是另一個先有雞還是先有蛋的問題，其中有一個說法必然是錯誤的。錯誤的極可能就是嫌棄理論本身，如果僅僅是男人的嫌棄就足以產生如此強大的自然選擇壓力，那麼不能生育的女人難不成應該儘早死去？何況不用的東西也不一定非要丟掉，被男人嫌棄也不一定非要放棄月經的沖洗功能，就像家裡放著一袋洗衣粉，雖然暫時沒有衣服可洗，也沒必要非丟進垃圾桶不可。所以，嫌棄理論缺乏強大的說服力。

現在問題再次得以轉換，既然女人視男人的嫌棄爲浮雲，那麼，到底是何種兇猛的力量驅動她們放棄了生育呢？

有兩個互相矛盾的理論匆忙上場，都在急切地等待回答這個問題，一個是「早夭假說」，一個是「外婆假說」，看名字就知道是準備打對堂的陣勢。

早夭假說認爲，女性之所以絕經是因爲身體已經不再適合生育，就像是行駛了四十多年的老爺車應該報廢了，繼續開下去就有散架的危險。四十多歲的孕婦面臨的生育困境更加嚴峻，高齡產婦的每一次生育都是一次冒險，她們死於分娩的概率比二十歲時高出七倍。這種高風險的生育活動不但威脅自己的生命，還會威脅到已經出生的子女，萬一失去母親的照顧，他們的生活可想而知。爲了保證已有孩子的存活率，就必須儘量減少後續威脅，直到完全停止生育。

更加暗黑的事實是，高齡婦女縱然懷孕，也將面臨各種遺傳缺陷和畸形流產的風險。就算把孩子生了下來，也可能隨時早夭，死亡概率與懷孕年齡呈現明顯的相關性——年齡越大，生育預期也就越低，這樣的生育與其說是遺傳回報，還不如說是沉重的負擔。既然冒著巨大的風險卻可能竹籃打水一場空，明智的選擇是停止冒險，用心養育已經生下的孩子。

但早夭假說仍有漏洞，並不是所有後代都會早夭，部分後代早夭並不構成崩潰式的自然選擇壓力，所以這種有害的高危生育能力也應該得以保存才對。而且，後代早夭的威脅對於男女應該完全相同，如果只爲了防止早夭，男人停止生育不是能達到同樣的效果嗎？爲什麼全是女人齊刷刷地停止了生育呢？

現在掉過頭來看看「外婆假說」，是不是能有個讓人心服口服的理由。

外婆假說的科學性在於，把絕經看作是直立行走引發的遠端後果，生育困境使得外婆的幫助非常重要，絕經恰好使得外婆徹底免除了生育困境，她們得以騰出大量時間擔任女兒的助產護士和家庭保姆，還能幫助女兒採集野果提供更多的營養，大大提高了孫輩的存活率，同時也提高了孩子的智力水準。因爲沒有激素的驅使，她們不必再參與雌性競爭，也不需要再玩性炫耀，在實際生活中更加慈祥和善，多餘的時間基本用在後代身上。

絕經還是一種無聲的聲明，向女兒及其他女性表明自己無條件退出生育市場，不再與其他人競爭交配權，因此可以被群體容納而不會受到排斥，這種結構有利於維持家庭的穩定。越是穩定的家庭對於撫養後代無疑越是有利，這種優勢越過女兒延展到了外孫（女）身上，使得絕經性狀得以遺傳。如果一個外婆只是生下了女兒，卻沒有保證女兒成功生下外孫（女），基因生產線慘遭腰斬，她的遺傳回報同樣爲零。

外婆假說的核心就是，保持基因流水線的最佳措施是自己停止生育，轉而幫助女兒撫養後代。她們就這樣心甘情願地絕經了，因爲外婆永遠能確定後代的身份，女兒肯定是她親生的，外孫（女）也肯定是女兒親生的，外孫（女）的身上絕對保留著她們的基因。與外婆不同的是，奶奶雖然可以確定兒子是自己的親生骨肉，卻無法確定兒媳肚裡的孩子百分之百就是她的親孫子或親孫女，所以奶奶對孫輩的態度與外婆有著微妙的差異，這就是大部分家庭寧願請外婆帶孩子而不是請奶奶的原因，外婆投入的精力可能更多也更盡心，得到的遺傳回報因而更確定。

假如這個理論正確，那麼女性絕經的時間大致應該是兩代人成長的時間，平均生育年齡越低，則絕經期越早，這一推測恰好與社會調查結果一致：中國女性的平均生育年齡爲二十四歲左右，絕經時間則大致在四十八歲，正好可以爲剛剛來到世界的孫輩提供幫助。在非洲的某些原始部落，女性可能三十四、五歲就絕經，因爲她們在十六、七歲就開始生育了！

但外婆假說似乎忽略了男人的感受，女人絕經的同時順便終結了男人的生育機會。可現實卻是，男人仍然保持著旺盛的生育能力。既然外婆可以爲了女兒放棄一切，外公爲什麼不可以？面對已經放棄生育能力的外婆，外公還有什麼晚節不保的非分之想嗎？

僅從生物學角度理解，原因也很簡單，外公是男人，他們不需要面對生育困境，不會在難產中死去。並且男人永遠有理由對後代身份保持適度的懷疑，頭頂著綠帽疑雲的男人心情無比沉重，當然沒有興趣考慮外孫（女）的死活，他們不甘心爲後代犧牲所有生殖利益，這種進化壓力使得男人和大多數野生動物一樣，到死都保持著生育能力。

第九章　爲什麼動物只交配，人類卻要結婚

儘管存在一夫多妻甚至一妻多夫現象，但一夫一妻制仍然是人類的主流婚配形式，這個局面是社會經濟條件決定的，也是人類男女性別比例決定的，更是合作撫養後代的終極博弈結果，是人類走向文明的重要階梯。

表面看來，婚姻是男人和女人的結合，本質卻是精子與卵子的結合。簡單的邏輯是，在一年之中，一個男人可以和十個女人生下十個孩子，他們可以從更多的交配中獲得更多的遺傳回報。而一個女人縱然和十個男人在一起，一年也只能生下一個孩子。她們並不能從過多的交配中獲取合乎比例的回報，所以對更多伴侶的興趣遠不如男人那麼明顯和迫切。這決定了男人沉迷於風花雪月，總是試圖尋找更多的女人，同時確保自己的女人不被別人染指；而女人則相對保守，她們需要得到更爲可靠的男人，並用盡心意使他們不再移情別戀。去留之間，男女各施手段，足以讓人感覺亂花迷眼，如此不斷博弈的結果，最終構成了不同的婚配制度。

無論對於動物還是人類，婚配制度都不是隨意碰撞閃現的火花，更不是簡單的排列組合遊戲，而

是雌雄兩性生育狀況與自然環境相互制約的結果。

後代撫養難度是制約婚配制度的第一因素。當後代不需要雄性照料時，一夫多妻制尤其適合。比如一隻雄海豹可以佔有數百妻妾，但牠對後代的責任僅僅體現在提供精子，撫育後代的任務完全由雌性完成，但後代的意外死亡率非常高，很多後代都在雌性爭風吃醋的打鬥中被活活壓死。對於雄海豹而言，只要佔領足夠大的海灘，有足夠強的體力趕走競爭者，妻妾當然是多多益善。這時雄海豹的邏輯是：越是花心，後代越多。當後代需要雙親共同照料時，雄性不得不考慮一夫一妻制。企鵝是嚴格實行一夫一妻制的動物，兩隻企鵝形成的聯盟正好可以完成輪流孵蛋及尋找食物的任務，雄企鵝想要多找哪怕一個雌性都是不可能的任務，牠們最好的選擇就是老老實實彼此忠誠。雄企鵝的邏輯是：稍不忠誠就意味著斷子絕孫。

很多鳥類都在一夫多妻和一夫一妻之間搖擺徘徊：當食物缺乏之時，雄鳥就會變得很專一，否則後代就有餓死的可能；而一旦春暖花開，食物豐盛，雌鳥完全可以單獨餵養後代時，雄鳥就會毅然決然地離家出走，就算雌鳥哭破了喉嚨也無濟於事。由此可見，食物是制約婚配制度的第二因素。

另一制約因素是獲取食物的方式。如果某種鳥的主要食物是草籽，而草籽不需要在固定場所尋找，特別是在成熟季節，草籽的供應量迅速增加，雄鳥就有理由另尋新歡。但對於吃蟲的鳥兒來說，情況則又不一樣：蟲子不像草籽那樣容易找到，而且多大的地盤能產多少蟲子基本固定，這時保衛地盤就等於保衛食物，而一隻鳥保衛地盤的能力永遠比不上兩隻鳥，所以吃蟲的鳥兒大多實行一夫一妻制。由此衍生出制約婚配制度的第四因素——地盤。

在雌鳥看來，一塊優質的地盤就等於一隻富有的雄鳥。當森林中某類雄鳥之間貧富差異較大時，雌鳥會毫不猶豫地投入富鳥的懷抱，而不去管這只富鳥已有幾房妻妾。當貧富差異較小時，雌鳥私奔時就需要衡量一下得失，到底是在窮鳥身邊做唯一的伴侶，還是投入豪門做眾妃之一。

鳥類是這樣，人類又何嘗不是如此，這就是爲什麼縮小貧富差距的訴求會成爲人類社會的普世價值。在沒有實現財富平等之前，總有女人願意做小三，但很少有女人願意做窮光蛋的小三。做小三的本質是用身體換取物質資源，儘管她們更願意把那說成是超越世俗的愛情，但從來沒有人去和街頭的乞丐玩一場這樣清新脫俗的遊戲。

人類基本遵守動物的婚配原則，並受到相同因素的制約，也沒有超越自然選擇的掌控，這就是不同地區實行不同婚配制度的原因，都是受到當地自然資源分佈情況影響的結果。我們不能說人類是典型的一夫一妻制動物，也不能說人類是典型的一夫多妻制動物，事實上，人類實行的是假性一夫一妻制。這種尷尬的地位是由人類的生殖特點決定的，因爲男人照料後代的任務介於雄海豹和雄企鵝之間，所以男人的行爲也介於忠誠與花心之間：當條件具備時，他們會毫不猶豫地實行一夫多妻制，就像所有的國王和大多數富人那樣，這時他們在向雄海豹學習；而當條件不具備時，比如無法掙到足夠多的金錢，甚至自己糊口都成爲問題時，那他還是做一隻謹慎的雄企鵝好了，認眞照顧好勉強找到的伴侶和子女，才是他們最現實的任務。具體實行何種婚配制度，當然要視具體情況而定。

女王不是那麼容易煉成的

某些極具嶄新觀念的女性或許曾暗中想過，要是這個社會廣泛存在一妻多夫制，應該是很好玩的事情，隨便想一想都充滿了誘惑：幾個男人同時寵著一個女孩，都把她視爲掌上明珠，爭著爲她購買衣服、鞋子、包包、蛋糕、巧克力，所有網站購物車每天定時無條件結清，外加做飯、洗衣、拖地、曬被子等瑣事全被男人分擔了，女人在家做起眞正的女王，內心充滿愛意與傲嬌，每天晚上坐在曖昧的燭光下獨家發表當夜的陪睡權，不時來個瘋狂派對，似乎確實情色綿綿，極具浪漫小資情調，很容易爲部分新銳女性所激賞和嚮往。

然而這一浮華表相的背後，卻隱藏著一個陰暗的事實：一妻多夫制從來都不是動物界的主流婚配制度，只在螞蟻那樣的社會性昆蟲群體中獲得了成功。而蟻后實際與雄性交配的機會極少，主要靠儲存的精子來給卵子授精，大部分日子裡都在蟻巢中央獨守空房，雖有萬千工蟻圍著牠供吃奉喝，卻並沒有像女王那樣過著淫欲無度的美妙生活，幾乎所有的時間都在進食，是一個純天然的吃貨，然後永不停頓地產卵，直到死亡，那只肥胖的身軀從沒享受過別的樂趣，沒有逛過街，也沒有進過美容院。

蟻后不需要以德服人，牠強大的產卵能力就是最重要的資本或者代價，產卵至死也算得上相當慘烈了。任何想玩一妻多夫制的動物都要付出高昂的代價，這就是大多數雌性都回避一妻多夫制的原因。除了一些社會性昆蟲，此外還有少量魚類和蛙類，才熱中於玩這種遊戲，不過總體比例低於百分之八；鳥類實行一妻多夫制的比例更低，大致不到百分之零點五；哺乳動物則不到百分之一；靈長類也有實行一妻多夫制的例子，比如一種南美絨猴，但整體比例更低。可以看出，一妻多夫制從來都不是主流的婚配制度。

根據進化論原理，一種婚配制度得不到推廣，肯定是受制於自然選擇，就算有人喜歡也不行，新銳女性給出的理由根本不是進化的理由。要想了解一妻多夫制的進化邏輯，有必要先看看典型的動物案例，因爲這無疑有助於從根源上深刻認識這種奇特的婚配制度的優缺點。

這次我們不能再請黑猩猩出場，牠們並不是一妻多夫制的代表，這次的嘉賓是來自非洲叢林的頂級殺手斑點鬣狗。當人們第一次見到這種舉止猥瑣的群居動物時，還以爲牠們與其他食肉動物一樣，實行的是一夫多妻制，因爲斑點鬣狗首領身材高大，在部落裡威風八面，說一不二，而且拖著長長的陰莖。但是後來人們發現，牠們的首領居然可以生孩子，這才突然驚覺原來首領竟然是雌性，那個陰莖一樣的東西只不過是受到高濃度雄性激素刺激而形成的誇張的陰蒂。

首領雖是雌性，卻和雄性一樣，身材高大，脾氣暴躁，可以用暴力壓制雄性，讓牠們俯首貼耳，不敢越雷池一步。雌性首領還用獨裁手腕分配食物，每次打獵之後，雄性總是可憐巴巴地等著雌性吃飽之後才能進餐，那時基本已經沒有什麼好肉了。如果某隻雄性獨自捕獲了一頭獵物，就必須以最快的速度大口吞食，好搶在首領到來之前塡飽肚子，所以吃相非常難看。由此造成的結果是，雌性首領死去時仍然保持一口好牙，牠們總是能吃到最好最軟的肉；而等級低下的雄性則不得不花費巨大的力氣啃吃殘剩的骨頭，牙齒往往被崩得七零八落。儘管如此，牠們仍然得不到足夠的營養，所以身材瘦小，舉止猥瑣，在首領面前更要低眉順眼，小心行事。

雌性首領奇怪的陰蒂不但兼具產道和尿道功能，而且是交配的入口。斑點鬣狗在初次生育時，胎兒往往需要奮力通過這個狹窄的棒狀出口，結果造成大量死亡悲劇。但如果只有缺點，這個奇特的器官早就該被自然選擇所淘汰，所以巨大的陰蒂必然有著巨大的優點，甚至能抵消生育困難造成的麻煩。

原來，雌性斑點鬣狗首領在部落中享有絕對主動權，可以任意選擇交配對象，而棒狀的交配通道可以確保自己不會被強姦，強姦管子肯定要比強姦孔洞困難得多。相反，雌性首領還可以用這個管子去操控雄性的棍子，如果感覺這個棍子不是牠想要的棍子，就會在交配之後把精子全部排空。管狀交配通道幽深曲折，完全可以在精子還沒有到達目的地之前就用一泡尿沖洗得乾乾淨淨，讓那個剛剛春風一度的雄性空歡喜一場，而且敢怒不敢言——打架根本不是人家對手。首領用這種獨特的方法選擇最優秀的雄性受精，這也正是牠們採用一妻多夫制的前提——雌性有控制雄性的實力和措施。

問題是，雌斑點鬣狗爲什麼追求一妻多夫呢？那似乎根本無法改變一胎最多只能生三個幼崽的事實，難道雌性能通過這種途徑獲得更多的遺傳回報嗎？

這要從牠們的後代說起。首領的幼崽繼承了母親的貴族地位，在子宮中就已受到高濃度的激素刺激，生長速度更快，脾氣也更暴躁，剛生下來便開始享受競爭的殘酷快感，在哺乳階段就會因爭奪乳頭而攻擊同胞，勝利者在部落中享受崇高的王儲地位，甚至可以任意欺負成年雄性。但幼崽的缺點也很明顯，牠們的發育過程非常漫長，一般需要三到四年才能走向成熟，而與斑點鬣狗體型相差不大的野狼，在出生半年之後就可以自己捕獵了。

爲什麼幼年鬣狗需要如此漫長的生長期呢？因爲牠們需要長出一副強大有力的頜骨與鋒利的牙齒，這樣才能咬碎獵物的骨頭。而顱骨和下頜無法在短時間內長好，否則就不能形成強大的咬合力，爲此，鬣狗幼崽不得不放慢生長速度，直到所有武器裝備完成才能脫離母親的關愛。正因如此，鬣狗母親不得不爲後代準備更多的食物，而要想在捕獵成功後確保自己的孩子有充足的時間進食，牠們必須更加強壯以驅趕其他雄性鬣狗甚至是獅子的干擾。而要想更加強壯，就必須分泌更多的雄性激素，這樣才有可能超過雄性，並且在激素刺激下長出陰莖一樣的大陰蒂，那只是身體強壯的副產品。這樣的雌性確實可以保證自己後代的成活率，牠們因此而得到了更高的遺傳回報。

除斑點鬣狗以外，哺乳動物很少實行一妻多夫制，最簡單的邏輯是，要想實行一妻多夫制，則雌性必須提供充足的卵子，產下更多的後代，但沒有哪種哺乳動物能夠一天產下一頭幼崽，牠們明顯受到發情和懷孕週期的制約，根本無法做到高速排卵。既然如此，多餘的雄性和多餘的交配都是浪費——既浪費時間又浪費精力，甚至浪費感情，這正是一妻多夫的哺乳動物明顯較少的根本原因。

另一個制約一妻多夫制的因素是實力，雌性應該有能力掌控雄性，光靠嘴說肯定不行，所以雌性的身材必須要比雄性高大，只有這樣才能控制雄性之間的爭風吃醋，並強迫牠們完成撫育後代的任務。

現存一妻多夫制社會分佈相當零散，卻有著大致共同的特點：丈夫之間多爲兄弟關係，這種形式的好處是，畢竟幾個男人都是兄弟，彼此有一半基因相同，他們之間的雄性競爭衝動將被親緣關係部分化解——就算後代不是自己的，也必然是自己兄弟的。所以，各個丈夫都會盡心撫養後代，對家庭盡到自己應有的責任。不負責任的傢伙很難進入妻子的房間，畢竟人家床上不缺男人。

兄弟共妻對女性的挑戰降到了最低。作爲唯一的妻子，她不必依靠武力維持丈夫之間的和平，但並不意味著對女人沒有要求。有人錯誤地以爲，在一妻多夫制家庭，理想的女性形象應該是溫柔和順，服從所有丈夫的意願，從不表露自己的欲望，從不引起夫妻爭端。但那明顯是脫離實際的一廂情願，如果每個丈夫同時對妻子提出行房要求，則妻子必須做出選擇。所以，一妻多夫制家庭的女人雖然不必像鬣狗那樣粗暴蠻橫，依靠高大的身材和強壯的體魄平息丈夫之間的矛盾，但至少也應該比較聰明強勢，有處理複雜事務的能力。根據一些社會工作者的田野調查結果，那些女性往往也確實極具主見，她們勇於面對複雜局面，在幾個丈夫之間縱橫捭闔，恰到好處地拿捏各位男人的優缺點，因勢利導、剛柔相濟，把不必要的矛盾化解於無形。聰明的女人是維繫多夫制家庭的重要核心，男人只是支柱。

儘管如此，一個妻子不可能平均躺在所有丈夫的床上，因爲供不應求，家庭矛盾必然存在，此時就要有人做出妥協。比如在同房時，年長的丈夫會比較謙讓，主動給年輕的弟弟提供更多的機會。這看似是道德問題，其實是自然問題，因爲年紀越大，精力越有限，彈藥儲備不足，競爭能力也隨之下降，謙讓是必需的，而不是應該的。

大凡採用一妻多夫制的地區都比較偏遠封閉，比如地處高原曠野或深山峽谷，那裡自然環境惡劣，耕地零散而貧瘠，獲取的生產資料往往僅夠生存，所謂通訊基本靠吼，交通基本靠走，男人的雙手根本忙不過來。在資源有限的環境中，男人除了相互鬥爭，最好的策略就是互相妥協。兄弟之間沒有自相殘殺的必要，因而也更容易達成妥協。縱然有的男人在雄性激素的刺激下衝冠一怒拍案而起，發奮圖強要競爭更多的資源，卻極有可能得不償失，甚至血本無歸。在偏僻的地區，可供選擇的出路並不多，同時意味著得到女人的機會也不多，他們不得不退而求其次——如果得不到一個完整的女人，得到部分女人也是不錯的選擇。所以，他們接受了共妻的命運。

一妻多夫制爲什麼沒有在世界各地得到廣泛推廣呢？答案仍然是自然選擇，限制一妻多夫制的最重要因素不是文化觀念，而是後代數量不足。

客觀而言，在惡劣的環境下減少生育數量本來是適應行爲，共妻制正好可以達到這個目的。早在明朝時就有筆記指出，夷蠻之地的一妻多夫家庭養育不蕃，影響人口增長。現代科學調查再次證明了這一點，據中國學者堅贊才旦在《眞曲河谷一妻多夫家庭組織探微》中的統計：一妻二夫制家庭每個男子的平均得子率是二點二六；一妻三夫制的平均得子率是一點五；而女人平均得子率都是四點五。這正符合一般原理——女子多夫並不能提高後代生育率，男人多妻則可能增加後代數量，而共用一個妻子時，後代數量當然隨之減少。總體而言，一妻多夫制確實有助於減輕人口對環境的壓力。但人類社會不會因此而接受一妻多夫制，眞正開放的一妻多夫制婚姻幾乎不存在，否則所有丈夫都會推卸撫養後代的責任。除非這樣的社會已經達成了某種默契，比如指定某個特定的角色代爲撫養，這個特定的角色往往是孩子的舅舅。當然，孩子舅舅的孩子也必須由孩子的舅舅撫養。這種複雜的代理關係中間環節太多，必然影響撫養效率，遠沒有父親直接撫養更讓人放心，所以並沒推行到全世界，只在某些地區殘存，比如中國瀘沽湖畔的走婚制，舅舅會對所有姐妹的孩子負責。他自己的孩子則交由別人負責，當然他可能根本不知道誰是自己的孩子。

其實男人並不想要一夫多妻制

在寒冷的南極海域，太平洋的海水不斷越過浮冰，冷漠無情地拍打著大大小小的海島，然而這種單調的景致並不影響雄性象海豹的熱情。身軀龐大體重可達四噸的笨拙大塊頭們又到了大打出手的時候，那不是普通的玩鬧，而是眞正的廝殺，皮開肉綻，鮮血淋漓，有的象海豹的鼻子被咬破，甚至眼球都被挖了出來。勝利者只有三分之一左右，牠們傷痕累累，氣喘吁吁，然而得到的回報足以抵償仍在汩汩流血的傷口。大批作爲交配對象的雌象海豹正披風斬浪相繼趕來，在硝煙散盡之後姍姍上岸。牠們此行的任務非常簡單：產崽，交配，然後再次懷孕。每頭勝利的雄性最少可以得到二十頭雌性，有些霸道的傢伙甚至可以霸佔三百頭以上的配偶，眞正的妻妾成群。

如象海豹這般爭奪配偶的競爭是典型的雄性競爭。人類的手法更爲高明複雜，然而競爭的本質並沒有絲毫改變，都想戰勝對手，從而獲得更多的交配對象。

雄性總想佔有更多的雌性，雌性也總想投靠強大的雄性，二者似乎一拍即合。但一夫多妻也有制約因素，多多益善只是理想狀況。制約因素越多，雄性所能佔有的雌性數量就越少。通過對一種旱獺的詳細研究表明，一頭聰明能幹的雄性所能享有的理想妻妾數是兩到三個，超過這個數目時，就會出現力不能及的情況，生育總數反而會隨之下降。同樣，雌性也不希望自己的競爭對手太多，當一頭雄性佔有過多的雌性時，能夠分配給每一頭雌性的食物資源直線下降，從而影響後代成活率。

兩到三個妻妾在古代中國也是一個大致平均的數字，中國人向來有三妻四妾的說法，但那是針對能夠佔有更多生產資料的階層而言，比如官僚或地主。由於人類社會的高度發達，使得某些人有機會佔有更多的生產資料，多到動物界難以想像的地步，這時他們當然會竭盡所能地佔有更多的女人。

一夫多妻制最大的優勢是父權明確。黑猩猩是極佳的反面教材，牠們實行「多夫多妻制」，正因為雌性黑猩猩在發情期可以與任何雄性輪流交配，後代的父權極為模糊，雄性黑猩猩根本不知道哪隻小傢伙才是自己的親生寶貝，既然如此，牠們也就沒有必要為後代的生活負責。因此，養育的重任就全部落在了雌性肩上。雌性沒法推脫責任——牠生下來的孩子必然是牠自己的後代。為了更好地養育後代，雌性不得不依賴於其他個體，大家結成群體生活，這樣可以彼此有個照顧。而集體生活又進一步強化了群交關係，除此之外，雌性無以為報。這就構成了一個閉環：因為群交，所以要依賴群體；因為依賴群體，所以要群交。黑猩猩至今沒能擺脫這個迴圈的束縛，無法生育更多的子女，部落也一直旺盛不起來。

如果早期人類也按照黑猩猩的模式公開群交，如今的人類就不可能擠滿地球。因為直立行走給女人帶來了巨大的生育困境，她們必須依靠男人共同撫養後代。要想留住男人，前提就是明確父權，只有男人確切地知道某個女人生下的孩子是自己的後代，才有可能甘心付出更多的時間與精力。而能讓男人放心的有效辦法只有一個——建立明確的伴侶關係。在穩定的一夫多妻制家庭中，每一個後代的父權都很明確，凡是可能干擾父權的因素，都要竭力加以剔除，所以中國皇宮裡搞服務業的男人都被摘除了生殖器官。

動物界有一條普遍規律，雌雄兩性的身體大小與婚配制度密切相關：凡是實行一夫一妻制的動物，則雌雄兩性身材沒有明顯差異，比如企鵝，我們很難從體型上分清牠們是雌是雄；多夫多妻制的動物兩性身材差異並不明顯，所以才有「兩兔傍地走，安能辨我是雌雄」一說；凡實行一夫多妻制的動物，則雄性個頭要比雌性大很多，有時甚至是雌性的數倍，比如雄海象體重可達數噸，而雌海象體重達到六七百公斤就算不錯了。人類也是動物，當然遵循同樣的原則，男女身高差異清楚地表明，人類曾經實行過一夫多妻制，雖然文明社會通過法律與道德推行一夫一妻制，但仍然難以抹去長期進化留下的烙痕。出現身材差異的根本原因，與兩性採取不同的交配策略有關。

先假設一種理想情況，人類實行嚴格的一夫一妻制，就像企鵝一樣，男女比例基本維持在一比一左右，男人之間的雄性競爭將會因此而大大減弱，他們當然不必維持高大的身材，那會浪費很多能量，所以男人的身高會越來越矮。女人的情況正好相反，由於成年男人大多已經結婚，而且無法再娶第二個妻子；未成年的男人又沒有結婚的需要。所以女人沒有必要提前成熟，那樣並不會幫助她們嫁給一個合適的男人，她們眞正需要的是正常發育，以期嫁給與她們發育同步的同齡男人。女人的身體因此得以高大起來，直到與男人的身高不相上下。

現實是，在一夫多妻制社會，少數優秀男人佔有了大量女人，很大一部分平凡的男人因此一生都不會有女人，他們的基因會從此失傳。當然，他們不甘心成爲終身處男，所以會積極投入到殘酷的雄性競爭中去。在遠古時期，無槍無炮，競爭的主要方法就是增加身高，這種進化機制簡捷有效，身材矮小的男人無法在競爭中奪得勝利，稍不注意就會被對手踩死，所以矮小基因不斷被淘汰。而高個子男人則有能力、有勇氣搶到更多的食物，佔領更多的資源，因此也有資格擁有更多的女人，陪在他身邊的女人起碼不至於被餓死，高個子基因於是得到有效擴散。這一進化趨勢造成的總體結果就是：矮個子男人越來越少，高個子男人越來越多。

只是身高性狀並不能任意發展，還受到很多因素的制約，比如心臟供血能力、營養供給能力等，過高的身體更容易骨折，神經傳導也慢，甚至在叢林中高速奔跑時被樹枝撞碎腦袋的危險性也大大增加，這都阻止了男人無節制地長高。

那麼，女人的情況又是怎樣的呢？在一夫多妻制社會，女人不需要參與雄性競爭，她們需要的是及早成熟，因而可以儘早嫁給優秀的男人。性成熟越早的女人機會越多，就像闖進了一家免費超市，最先進去的人可以任意選擇喜歡的商品。但麻煩在於，女人一旦性成熟，就很快停止生長，成熟越早身材就越矮，她們根本沒有足夠的時間長到男人那麼高。

男女的身高差異，是女人向男人妥協的結果，是女性在進化過程中默許一夫多妻制的證明。

很多男人都在暗中設想過一夫多妻制生活，然而大多數男人都想錯了。如果現代社會仍然採取一夫多妻制，世界首富完全有能力娶一萬多個老婆，這意味著將會憑空多出九千九百九十九個以上的單身漢，其中極有可能就包括那些幻想過一夫多妻制生活的男士們。現代社會財富分配極度不公，大多被迅速集中在少數人手中，一夫多妻制的後果將更爲嚴重。所以，大部分男人其實是一夫一妻制的受益者，這是板上釘釘的事實。

一夫一妻制蘊含的進化玄機

人類男女出生比大致維持在一比一左右，新生男嬰略多於女性，不過由於種種原因，男性死亡率略高於女性，到達成年以後，只要不出現戰爭等意外，仍然會維持一比一的比例。僅從數學上考慮，一夫一妻制是比較合理的社會制度，那是滿足兩性交配需求的最低配置。有時一夫一妻制有著最簡單的解釋，當找不到更多的妻子時，當然只好採取一夫一妻制。這種理想的制度可以保證所有男女都能找到自己的另一半，大大降低雄性競爭的激烈程度，是耗能最低的婚配形式。所以，儘管存在一夫多妻甚至一妻多夫現象，但一夫一妻制仍然是人類的主流婚配形式，這個局面是社會經濟條件決定的，也是人類男女性別比例決定的，更是合作撫養後代的終極博弈結果，是人類走向文明的重要階梯。

客觀而言，一夫一妻制在動物界非常罕見，就像買股票一樣，把所有錢都押在一檔股票上肯定是比較冒險的投資。很多動物都明白這樣的道理，人類不可能搞不清其中的奧妙，所以一夫一妻制原本是非常奇怪的事情，除非人類能從中得到更多的進化好處。

有人從理論上推測，認爲一夫多妻制只能保存更強的基因，而一夫一妻制卻可使人類保存豐富的基因多樣性，比如藝術氣質和數學才能，以及善良、誠實等性狀，都可以得到遺傳，從而也保證了人類行爲的多樣性。那正是思想多樣性的基礎，有活力的社會才能發展出偉大的文明，並最終使人類擺脫強者為王、贏家通吃的動物時代，為道德和文化打下了堅實的基礎，文化的進步反過來又促進了一夫一妻制，這才是人類上升的重要通道。要不是處於一夫一妻時代，很多哲學家可能根本找不到女人，他們在婚姻市場並沒有強大的雄性競爭力。

由此得出的結論是，總體而言，一夫多妻制對個體有利，而一夫一妻制對社會有利，可以為更多的人提供更好的發展空間。這種邏輯雖然美好，表達的卻是群體的長遠利益。問題是站在純粹的進化論角度來看，自然選擇往往以個體為單位，而且只考慮眼前利益，從不考慮將來會怎樣，任何進化都沒有理由為未來社會做出周全的安排。所以，保存基因多樣性並不能成為一夫一妻制的重要理由，也不足以成為驅動一夫一妻制的根本動力。真正的進化動力必須對自然選擇做出最直接的反應，其中不存在任何計劃性和預見性，或者為群體利益著想的道德感。基因多樣性和文明的進步，只是一夫一妻制的結果，而不是原因。

另一些激進人士認為，人類實行一夫一妻制是錯誤的選擇，只有一夫多妻制才是應對自然選擇的有效策略，激烈的雄性競爭有助於篩選出更加強大的勝利者，得到的後代也更加優秀，而一夫一妻制似乎無法起到這種篩選作用。這一觀點似乎被野外觀察所證實，許多實行一夫一妻制的動物都面臨著滅絕的危險，進而得出了這樣的結論：文明社會實行一夫一妻制可能並不符合自然選擇的需要。

必須指出，一夫一妻制並不完全是人為力量干涉的結果，而是同樣受到了自然選擇的影響。任何人為的意圖如果與自然選擇相違背，都必然會遭到自然選擇的懲罰。自然條件下的一夫一妻制動物更容易滅絕，可能只是假象。幾乎所有一夫一妻制動物都面臨著相似的困境，一是食物資源貧乏，二是後代撫養困難，牠們正是受到這兩條因素的制約而實行一夫一妻制。也就是說，瀕臨滅絕並不是一夫一妻制的結果，而是導致一夫一妻制的原因。一夫一妻制是應對環境變化的重要措施，是挽救瀕危物種的重要途徑，而不是罪魁禍首。一夫一妻制仍然存在雄性競爭，他們必須競爭才能得到更優秀的雌性。更重要的是，雌性也因一夫一妻制而陷入激烈的雌性競爭，這是一種雙倍的競爭，是比一夫多妻制更具有活力的婚配制度，在相同身體條件下和相似的環境中，必然帶來更高的遺傳回報。

在鳥類那裡，多年的一夫一妻配偶還能帶來意外的好處，因爲不必爲追求配偶和築巢而煩心，雙方都可以將精力投入到交配工作中去，所以能更早產蛋，並且產下更多的蛋。順利生產並組成了幸福家庭的鳥類，壽命也更長，實行一夫一妻制的鸚鵡甚至可以活到八九十歲。當然，我們無法詢問鳥兒是否幸福，衡量的標準是牠們產蛋的數量和後代的成活率。一般而言，我們應該這樣理解：子孫成群的鳥兒就是幸福的鳥兒。

我們可以從靈長類動物南美絨猴那裡進一步窺視一夫一妻制蘊含的玄機。亞馬遜叢林中的南美絨猴是世界最小的猴子，成年絨猴只有人的手指長度那麼高，體重比一個雞蛋還輕，被人捧在手中時，如同孫悟空在如來佛的指掌間來回跳躍。正因爲身材太小，所以面臨著與人類相似的生育困境，牠們細小的產道很難產下大小合適的嬰兒，只得採取一個非常巧妙的策略——把胎兒一分爲二，生下兩個較小的胎兒，每個只有花生米大小，這樣就可以避免分娩困境。如此一來，牠們的後代與人類嬰兒一樣，都需要長期的精心撫養才能成活。但因爲身材太小，母親根本難以承擔額外的能量消耗，所以只在哺乳時才會抱一抱孩子，其他時間則做起了甩手掌櫃，牠們必須節省能量以生產更多的奶水，因此雌性有理由「偷懶」。這給雄性施加了強大的壓力，如果牠們也偷懶，孩子們就完蛋了。爲了養活後代，雄性不得不放下大丈夫的架子，用心擔當起好父親的角色，做個不折不扣的模範丈夫——牠們對後代的照顧可謂無微不至，除了不能餵奶，基本什麼都做。兩個孩子已經夠牠們折騰的了，雄性不可能同時養活更多的孩子，這也就意味著牠們沒有必要也沒有能力尋找更多的雌性。這種奇趣的小動物只能實行嚴格的一夫一妻制。是生育方式決定了婚配制度，而不是婚配制度決定了生育方式。或者說，是瀕臨滅絕而採用一夫一妻制，而非一夫一妻制導致滅絕。這是理解一夫一妻制的重要邏輯，人類面臨的生育困境與南美絨猴非常相似，因而也必須採取相似的婚配制度，否則將無法成功養活後代。這些才是構成一夫一妻制的進化基礎。只有存在進化基礎，彼此忠誠才有生物學意義，人類的種種美德才有科學依據。

出於食物資源競爭的領地防禦行爲，也是制約一夫一妻制的重要因素，就是雌性醋勁太大，好鬥性極強，根本容不下另一隻雌性存在，所以雌性必須分開，只好以一夫一妻爲主。這是解釋靈長類一夫一妻制的經典模式，南美絨猴雖然個頭不大，但發起脾氣來也會亂撕亂咬、亂摔東西。眞正的吃醋代表是長臂猿，雌性之間的肉搏戰足以讓旁觀的雄性永遠放棄左擁右抱的想法。人類當然也不示弱，就算實行一夫多妻制的古代社會，也要爲每個小妾準備一個房間，否則家庭就會變成粉妝戰場。

所有這一切的根源，仍然來自於數百萬年前人類開始的直立行走。因爲直立行走，女性出現了生育困境，她們因此不得不設法留住男人來共同撫養後代，最理想的合作撫養模式就是一夫一妻制，因爲一夫一妻制能有效確定父權，每個男人都能斷定配偶產下了自己的後代，他們甘心撫養身份確定的

▲一夫一妻制在動物界非常罕見，就像把所有錢都押在一支股票上，肯定是冒險的投資。連動物都明白這樣的道理，人類不可能搞不清其中的奧妙，所以一夫一妻制原本是非常奇怪的事情，除非人類能從中得到更多的進化好處。

孩子。爲了使家庭的紐帶更加穩定，女人發展出了充滿誘惑的身體和持續交配的樂趣，而其中的關鍵正是隱蔽排卵。

愛情也是一種生物性需求

婚配制度與後代成熟快慢之間也有一定關係，結果影響了原因，似乎是不可能的事情，但其邏輯卻異常清晰：後代越是早熟，雄性就越容易騰出手來外出尋花問柳。所以，後代早熟型的動物必然遠離一夫一妻制。那些一出生就可以獨立打天下的動物，牠們的父母當然沒有理由天長地久地待在一起，因爲缺少長相廝守的情感紐帶。單靠母親就可以養活的後代對婚配制度具有同樣的影響，牠們都不足以成爲維繫家庭關係的核心。只有成熟較晚，同時又需要父母共同照料的後代，才是家庭生活的重要內容，牠們成長的時間越長，則家庭關係越堅實。

人類由於生育困境的影響，後代依賴父母的時間最長，所以晚熟現象最爲典型，對婚配關係起到了直接作用。稍有責任心的男人都知道，至少要把孩子撫養到成年才能離開家庭，但往往到了那時，他們早已失去了當初的雄心壯志。這就是很多男人感慨「身不由己」的由來，他們被困在自己設置的圍城中不能自拔。

針對撫養後代造成的困局，雄性的解決之道是爭取更長的壽命，在後代成年以後仍然存在尋花問柳的機會。但做到這一點並不容易，因爲壽命與生殖之間存在著巨大的矛盾。一般而言，生殖越早，死得也就越早。有一種雄性蟎蟲在母親肚子裡就開始和姐妹們交配，結果剛出生就死了。似乎生殖才是生物的終極任務，生存只是達成這一任務的途徑。問題是具體到了某一生物時，無不千方百計地延長自己的壽命，完全不愛惜生命的物種必然遭到自然的淘汰，那樣也就無從談起生殖。所以，在生存和生殖這兩大任務之間形成了某種博弈。更早的生殖和更長的壽命，是所有生物面臨的兩大選擇。折中方案是儘量推遲生殖時間，自覺實行晚婚晚育，當然，這不是由社會輿論或法律決定的，而是由生物內在的發育機制決定的。當雄性有足夠的生長時間強化身體時，也就意味著有強大的力量戰敗更多的競爭對手。

男人是推遲生殖的典範，當很多哺乳動物不到一歲就迫不及待地開始交配時，男人卻把可交配年齡推遲到了十歲以後。與雄性熱中於推遲性成熟相對應，雌性有著相反的表現，牠們更傾向於提早性成熟，因爲牠們是性選擇遊戲中的選擇者，早熟明顯有利於獲得更優秀的雄性，這就是先下手爲強原則。

雄性傾向於推遲生殖年齡，雌性傾向於提早生殖年齡，這就是兩性二熟現象，是自然選擇和性選擇雙重作用的結果。這一結果導致在人類的婚配實踐中，普遍出現女人比男人年齡小的局面，事實上強化了女性對男性的依賴，由此也出現了典型的情感專一現象，用文學語言表達就是：忠誠與愛情。

現實的問題是，如果女人身體進化的目標是爲了拴住男人，那麼她該如何拴住特定的男人，而不是每晚拴住一個不同的男人呢？這涉及男女雙方爲什麼會彼此忠誠，特別是沒有完成生殖大業的青春期男女，一旦墜入愛河，確實有爲了對方死去活來的故事發生——羅密歐與茱麗葉、梁山伯與祝英台，都不是憑空編造的神話，而是某種世俗現象的寫照。

但只愛上確定的某人，不等於畫地爲牢嗎？天涯何處無芳草，何必抱定一棵死？除了人類豢養的寵物，很少有動物像人類這樣對另一個體如此難分難舍，其根源正是直立行走帶來的生育困境。早產的嬰兒不得不長期待在母親身邊，所以必須進化出相應的生化機制，對母親產生深深的依賴，他們從感情上再難離開母親。當不得不離開時，就必須找一個人來塡補情感空缺，這個人當然就是未來的人生伴侶——人類通過延伸的依賴性強化了配偶關係。

現已證明，人類大腦在適當激素的刺激下，確實會產生情感專一效果，此類激素被統稱爲愛情激素，其中包括我們熟知的多巴胺和內啡肽等小分子物質，它們是人類情感生活的小小黏合劑，也是愛情專一性的生物學基礎。

對於一夫多妻制社會，愛情並非不可或缺，因此妻妾往往可以買賣，那就是高級床上用品而已。一夫一妻制則不然，戀愛行爲在本質上可以起到交配前選擇的作用，那樣就沒有必要再進行盲目的精子戰爭，或者說避免亂交。所以，戀愛階段會不斷刺激身體分泌催產素，進而激勵大腦中的獎勵系統，戀人的關係可因此得到強化。雙方在交往階段愛鬧小脾氣也是重要的相處策略，那是對戀人個性的反覆探底，其作用類似於動物打鬧遊戲，一旦婚後眞正出現了矛盾，就可以用類似的方法加以解決，而不是直接提出離婚。事實上，小打小鬧對維持穩定的夫妻關係至關重要。

戀愛時，人體內的睾酮含量會發生奇怪的變化。墜入愛河的男性，睾酮含量將急劇下降，而在女性體內則會明顯上升。也就是說，戀愛中的男人一定程度上出現了女性化趨勢，女性則呈現男性化傾向。這使得男人更加善解人意，容易討好女人，女人則容易衝動以便驅趕情敵。雙方性格互補更有利於建立持久的伴侶關係，彼此更加忠誠，這就是一夫一妻制的激素保障機制。

爲了確保婚配制度不受干擾，南美絨猴也進化出了激素保障機制。當出現意外的雌性誘惑時，光棍雄絨猴體內的睾丸激素水準會迅速升高，而已婚的雄絨猴則毫無反應，從而在激素水準上保證了一夫一妻制不會輕易崩潰。人類也有類似的生化反應機制：單身男人面對桃花運時，睾丸激素水準也會迅速升高，但已婚男人的反應就不是那麼明顯，不過仍沒有達到雄絨猴那樣凜然不爲所動的程度。有賊心沒有賊膽正是已婚男人的眞實寫照，他們必須衡量瞬間衝動可能引發的嚴重後果，如果確認出軌不會對後代撫養造成嚴重影響，有些男人仍然會冒險偷腥。越是安全的偷腥行爲越受男人歡迎，所以妓女在很多國家已經合法化。

這種生化機制事實上是對男人的保護，見到誰都蠢蠢欲動的男人當然不會有好下場。中國人有句古話，叫作「朋友之妻不可欺」，正是類似的機制在起作用。研究人員發現一個有趣的事實，某個男人面對朋友的妻子時，睾丸激素的分泌水準並不會出現明顯升高的跡象，因爲那些見了朋友妻子就垂涎三尺的色狼早已被他們的朋友手刃於床下了，活下來的當然就是能控制自己欲望的男人。他們向來對江湖古訓奉若圭臬，這是道德層面的自然選擇。人類的道德並不是有意設計出來的，而是血淋淋的自然選擇淘汰出來的。

爲了強化專一性情感關係，人類還發展出了形態各異的容貌，每個人的容貌都各不相同，這在哺乳動物中極其罕見——你突然看見一群狗時，會很難區別其中誰是誰，因爲牠們的面相看上去都差不多。一群雪白的兔子就更難區分了。而人與人之間的容貌區別明顯而穩定，就算兩個人分別十年，還是有可能在人群中認出對方。這一切都得益於人類的脫毛現象，面孔因而變成圖元清晰的二維碼，扁平的面孔掃描效果更好，所以人臉比所有靈長類動物都更加平整。

彼此正確識別是穩定配偶關係的重要能力，這樣女人才會知道當晚打獵回來的是她的丈夫而不是路人甲；男人也會因爲看到自己心愛的女人而倍感溫暖，而不是隨便看到鶯鶯燕燕都會傻呵呵地獻出自己的財物。

面孔記憶能力由基因決定，如果發生了相應的基因突變，患者將記不住任何面孔，這聽起來讓人匪夷所思，但卻眞實存在，醫學上叫作面孔失認症。可以想像，如果一個人記不住任何親人朋友，他還有可能組織起一個穩定的家庭嗎？民間俗稱的臉盲，其實是面孔失憶症的輕度表現，他們看電視時記不住任何角色，好在對身邊的親人朋友仍有識別能力。

不斷看到並記憶熟悉的面孔還會增強忠誠度，就是所謂的屢見效應。我們容易喜愛熟悉的東西，接觸的時間越長，喜歡的程度就越深；就算反覆觀看某個無意義的符號，我們也會慢慢喜歡上這個符號，即便這個符號本身並沒有任何含義。

當符號換成面孔時，效果同樣存在。我們經常看到配偶的面孔，也就會越來越喜歡這張面孔。所謂情人眼裡出西施，因爲情人接觸同一張面孔的時間比別人更多，所以凝視對方的面孔是愛的表現，本質是爲了努力記住對方並更加喜愛對方。由此形成了良性迴圈，接觸越多，喜歡越深，彼此的關係就更容易得到強化，忠誠的程度就越高。

一夫一妻制這種簡潔明瞭的婚配制度，使得大家都不需要枉費心機去吃醋猜測。理論上而言，你的後代就是你的後代，你無可推託，你必須負責。但時刻不要忘記，男女關係註定是雙向防衛系統。男人在被女人緊緊拴住的同時，也必須拿出極大的誠意來感動女人不要紅杏出牆，否則頭頂綠雲翻滾倒是小事，花費巨大的時間和精力來養育別人的孩子才是大事，那簡直就是此生最大的失敗，死亡以後沒有留下任何痕跡，幾乎等於從沒在這個世界出現過。爲了避免這種悲劇，男人也需要討好女人。

男女雙方爲維繫穩定的配偶關係，在相互討好與相互提防的雙重作用下，彼此都變得越來越性感，猥瑣與醜陋很難找到市場。人類就這樣與其他動物分道揚鑣，慢慢變成了現在的模樣：高昂的頭顱、光滑的皮膚……人類的配偶關係就此成了動物界的一朵奇葩。正是這種穩定的配偶關係，推動著人類不斷進步，最終走向文明，並由此而長盛不衰。雖然文明偶爾會給人類帶來傷痛，甚至使得大規模屠殺成爲可能，但文明之花仍將在廢墟之上一再綻放。

追溯這一切的根源，竟然全部得益於數百萬年前的直立行走。直立行走使得人類具備了長途奔跑能力，爲了散發奔跑產生的過多熱量，人類脫去了滿身毛髮，露出了光滑的皮膚，顯示了不同的膚色。我們通過狩獵獲得了更多的營養，進化出了更大的腦袋，但這卻給女人帶來了前所未有的生育困境。她們爲了解決撫養後代的問題，不得不發展出隱蔽排卵和持續發情的策略，從而留住男人和她們組建家庭，然後通過不斷的博弈，出現了一夫多妻制和一妻多夫制社會，但最重要的婚配形式仍然是一夫一妻制，正是這一婚配制度，爲人類文明的萌芽和發展奠定了堅實的基礎。

可以看出，人類幾乎所有的生物學性狀都不具有獨創性，在其他動物那裡都不同程度地存在，但很多動物只是擁有一些零散的能力和瑣碎的片段，比如有的直立行走、有的隱蔽排卵、有的存在生育困境等。這些片段並沒有彙聚成奔向文明的滾滾洪流，所以牠們仍然停留在動物層次。只有人類，在短短數百萬年的進化過程中，在直立行走的觸發下，以雷霆萬鈞之勢積聚力量，終於被自然選擇之手塑造成了萬物之長，成爲自然界唯一具有文明精神的動物。

文明是人體進化的必然結果，也是人體進化的文化延伸，現在已經成爲引領人類進化的另一種重要力量，正以不可思議的力量推動著我們不斷成爲眞正意義上的人，使得人類得以不斷對抗自然選擇的盲目驅動，通過法律與道德持續約束人們的諸多行爲。這些制約因素都將產生新的進化壓力，由此而不斷塑造人類的未來。而這一切都與數百萬年前人類邁出直立行走的第一步有著千絲萬縷的聯繫。

回首人類走過的艱難歷程，可以這麼說，文明的進化與發展才是直立行走的終極目標。

後記　進化論是進化論，生活是生活

爲了支持達爾文的進化理論，赫胥黎（Thomas Huxley）於一八六三年出版了《人類在自然界中的位置》，從解剖結構上論證了人類與黑猩猩等靈長類動物存在密切關係，一棒子把人類打進了動物王國，從此可以從動物學視角解讀人類行爲。這一結論在當時的英國引起了強烈轟動，一位虔誠的女教徒曾不知所措地說：「我的上帝，讓我們祈禱這不是眞的。如果眞是這樣，我們希望沒有更多的人知道這件事。」

與此類似，一百多年後，英國著名進化論學者道金斯（Richard Dawkins）出版了《自私的基因》，書中大量使用隱喻和擬人的寫作手法，並暗示利他行爲的本質只是一種僞裝，本質動機是基因驅使的自私行爲。這種道德暗示讓很多人感覺不安，有些生物學者也表示不能接受，很多人感覺這本書讓他們受到了精神創傷，道德世界似乎因此而轟然崩塌。道金斯本人對此感到非常無奈，該書的核心是講述基因行爲，而非描述人的心理和情感狀態。如果把書名改爲《無私的個體》，可能造成的誤解要少很多，但那又很難表達理論的精髓。

其實，進化論從誕生以來，就一直蒙受各種誤解，不斷遭到指責。很多人相信進化論對道德和倫理觀念具有強烈的衝擊作用，人類文明將因進化論而淪喪。可事實卻是，自《物種起源》出版以來，西方並沒有出現明顯的道德滑坡，倒是很多存在道德瑕疵的人根本不懂進化論。儘管進化論從來都不是心靈雞湯，但也絕不是道德毒藥。

對進化論的誤解，一方面是因爲沒有掌握理論的本質，那需要長時間的思考和學習，是漫長的知識積累過程，很難在短期內解決，所以誤解不可避免。特別是進化論介於社會科學與自然科學之間，內容博雜而深奧，存在大量思辨空間，看似非常容易理解，幾乎每個人都懂得其中的原理，然而事實並非如此。就連進化論的另一位先驅華萊士（Alfred Wallace）和達爾文之間也存在巨大的理解偏差，兩人關於性選擇的觀點幾乎到了水火不相容的地步，達爾文爲此只好仰天長嘆：「誤解的力量太頑固、太強大了。」因乳糖基因操縱子模型而獲得諾貝爾獎的生物學家莫諾（Jacques Monod）對此深有體會，他評論說：「進化論的痲煩在於，每個人都自以爲理解它。」哈佛大學的進化論大師邁爾（Ernst Mayr）也曾感嘆說：「自一八六〇年以來，沒有哪兩個作者對達爾文主義的理解完全相同。」由此可知，對進化論的誤解不但存在，而且將長期而廣泛地存在，特別是讀者在閱讀過程中產生的疑問無法與作者直接交流，而他們往往選擇相信自己的判斷，這是人類自大心理造成的錯覺，這種錯覺會不同程度地加深誤解。如果他們不去思考，他們的錯覺會少很多。

在進化論科普寫作過程中，不可避免地要涉及一些常用的修辭手法，比如隱喻和擬人等。書中提到的「嫌棄理論」，就是典型、省事的隱喻性表達方式。我無意證明男人眞的嫌棄年老的女人，那主要指的是一種概率和趨勢，而不適用於具體的某對夫妻。事實上，在現代社會，進入更年期的夫婦仍然可以保持較高頻率的性活動，不過與年輕人相比，較爲年長的夫婦的性交次數無疑是下降了。要想把這個事情說清楚，可能需要一大段枯燥的文字，但用「嫌棄」這個詞卻能起到非常簡潔的表達效果，讀者可以借此迅速理解作者想要表達的意思。閱讀進化論文章，必須適應此類似是而非但有助於理解的詞彙。作者並不抱有任何性別歧視的觀點，過去沒有，現在沒有，將來更不會有。

所以，閱讀進化論科普作品，首先就要容忍並理解隱喻的手法，特別是女性讀者，不要輕易被諸如嫌棄、風騷之類的措辭所激怒。比如「女性爲了拴住男性」這樣的句子，本意並不是說具體某個女人眞的有意識地在做這種事情。這種表達就像是說「植物爲了得到更多的陽光」一樣，植物本身並沒有清晰的意圖，可是這種形象的說法很容易理解，而且表達的結果是正確的，因爲植物確實需要更多的陽光，就像女人確實想要得到優秀的男人一樣。

另一個理解要點是正確把握時間尺度，比如隨便一句話，「有了工具的人能吃到更多的肉食，身體也更加強壯」，看起來輕描淡寫，其實是極其緩慢的進化過程。幾乎所有生物性狀的出現和穩定都是長期進化的結果，可能需要幾萬年甚至幾十萬年的變異和擴散，但我並不想用一大堆諸如侏羅紀、三疊紀這樣的名詞來形容黑暗的時間隧道，就算讀者確切知道到底有多少萬年，也並不能眞正體會那些數字的眞實含義，因爲我們的生命只有短短數十年，我們只要知道時間非常久遠就好了。同樣的道理，當提到男人出於雄性競爭的需要而不斷增加身高時，肯定都是相當漫長的過程，絕非一夜可以實現。

理解人類性狀的多樣性也同樣重要。本書中提到的某些性狀往往是主流性狀，比如說女人喜歡身體更加強壯的男人。不可否認，有些御姐也確實喜愛文弱的奶油小生。生物多樣性是進化論的重要視角，這個世界只有某種性狀是不可想像的事情，而且也不可持續。如果所有男人都只喜歡一種女人，競爭將變得異常激烈。所以，會有女人喜歡矮個子男人，也會有男人喜歡皮膚不是太白的女人，他們稱之爲黑珍珠。此外，如同性戀、虐待狂等，都屬於非主流的多樣性範疇。

但在具體每個性狀的多與少之間，我們只能泛泛帶過，本書很少列舉枯燥的統計數字。不過讀者應該明白，很多生物性狀都是概率性事件，比如說男人比女人更高，或者說女人比男人白，都是在大樣本統計的基礎上得出的結論。你的鄰居出現了相反的情況，或者女朋友的身高超過了你，都不能否定這些結論。

另外必須指出，儘管本書努力嘗試用文學性的語言表達科學的問題，可兩者畢竟不是一個領域，所以存在大量敘述方式的隔閡。文學語言中可以出現「當我想你的時候，你不在身邊；我最需要你時，你已走遠」這樣溫暖的句子，生物學者就很難寫得如此肉麻，如果改成「當我發情的時候，你不在身邊；我想交配的時候，你已走遠」，又明顯缺乏小資情調。這些都需要得到讀者的諒解，你們應該不斷提醒自己，正在閱讀的是科普作品，而非文學作品，這樣就會對作者的行文水準有起碼的寬容。

需要提醒的是，不必因爲讀了這本書就自以爲洞察人生，其實社會複雜依舊，每週依然是七天，房價還是那麼高。我們需要的只是從容的生活態度，輕鬆悠閒地看待人生。你還要清楚地知道，文章中出現了大量性愛方面的討論，那並不是什麼生活小提醒，也不是心靈雞湯，更不是上床指南，只是赤裸裸的進化論知識。你不必在每次恩愛之前都考慮對方出於什麼進化目的，能得到多少遺傳回報，或者受到了什麼激素的驅使，更不要因對方睾丸太小或者乳房太平而產生這樣那樣進化方面的疑問。你們只要兩情相悅，在一起享受發自內心的快樂，那就已是自然選擇的重要目標。至於具體科學機制，不必在意太多，也不要每次都把自己當成進化論的實驗樣本，那樣實在是太多慮了。就像穿上一件棉衣會感覺溫暖，卻沒有必要去追究棉衣的保暖機制到底是什麼，你只需要享受這種溫暖就可以了，那就是生活。

我的建議是，進化論是進化論，生活是生活，如此而已。你只需要開心就好，本書只是開心生活的一道甜點。你們可以繼續發情，不停做愛，反覆體驗春花般美妙的高潮，就算以前沒有嘗試過，以後也必然會經歷這些有趣的過程，而完全不必再去思考其中的進化意義。

最後還要強調一點，進化論科普寫作的困難在於，作者首先必須設法讓非專業讀者能看進去，讓不懂的人也能看懂，至少裝作能看懂，所以絕不能出現過於密集的專業詞彙。爲實現這一目標，我一直努力避免羅列專業詞彙和原理曲線圖之類的原始材料。我的原則是，能用文字說清楚的問題，就絕不借用其他表達方式，並始終堅持把趣味性放在與知識性同等重要的地位，否則大家還不如去讀論文。我給自己定下的標準是，最好使讀者每讀一頁都能發出一次會心的微笑，當然這只針對具有良好幽默感的讀者而言，不然就算我直接去搔你們的腳心恐怕也無濟於事。只是注重可讀性的同時，嚴謹程度就要受到一定損失，所謂魚與熊掌不可兼得，我們很難一邊開著略顯重口味的玩笑，一邊正經八百地思考基因多態性的選擇性清除作用。但只要能眞正享受到智慧的樂趣，這點兒損失應該是可以接受的吧。

我私自把科普寫作分爲兩類，即軟科普和硬科普，兩者都是爲了讓讀者了解相關的科學知識，不過表達途徑完全不同。硬科普幾乎就是論文的翻版，寫作過程非常嚴謹，重要的知識點都要說明來源，或者直接引用參考文獻，或者標明「某某博士在某某雜誌上發表的某某論文指出」。這種表述雖然看起來很上檔次，距離可讀性卻有一段不小的間隔，遠比兩腿之間的距離大得多。

本書在寫作過程中數易其稿，我爲此至少閱讀了幾百萬字的論文和專著，把相關知識點羅列出來、編出號碼、一一標明出處並不是什麼大不了的事情，但那必定會影響閱讀趣味。否則一個故事正說到高潮，突然像釘釘子一樣強行插入一個參考文獻編號，肯定就像正在做愛時有員警破門而入一樣讓人敗興，或者是一碗煲得恰到好處的八寶粥卻被灑進一把堅硬的沙子，那無論如何都會讓人感覺不舒服。

當重視可讀性而弱化嚴謹性時，硬科普就變成了軟科普。我更傾向於文章的流暢性和幽默感，讀來如行雲流水、趣意盎然，這樣的文章更容易獲得讀者的喜愛。而且我認爲軟科普對知識的宏觀把握能力要求更高，因而寫作難度更大，只是需要和讀者達成這樣一個協議：你讀我的文章，最好相信我介紹的內容，雖然不一定完全正確，但也絕對沒有信口開河，每個知識點基本都有堅實的研究基礎。當然你也可以選擇不相信我，那就索性當作八卦娛樂消遣好了，至少可以作爲茶餘飯後吹牛的話題——很多人都不知道女人爲什麼會比男人更白——而吹牛是不需要提供參考文獻的。如果你在唾沫橫飛的同時，突然指出這個知識點出自《自然》雜誌某某卷某某期某某頁某某行，對面的聽眾肯定心意闌珊，哄然散去。

本書的寫作風格就是我看待進化的態度。進化並不總是冷漠的、中性的，或板著臉孔的適者生存，有時也會很溫暖，充滿了色彩和趣味，可以作爲生活的朋友，讓生活變得更有意義。文化、宗教、信仰、道德等這些生活的調味劑，都只是進化的產物。人類社會成爲現在這個樣子，有關愛、有忠誠、有幽默、有勇氣，有時還有愚蠢，所有這些都是進化的結果，只是其中的科學邏輯還沒有被充分挖掘。

本書最後雖然涉及文化進化，但限於篇幅而沒有充分展開。在我看來，文化現象類似於生命現象，也接受自然選擇的考驗。文化傳播的過程就是不斷選擇的過程，相似的文化會搶佔相同的生態位，適應環境、有利於傳播的文化必將處於優勢地位，否則就會遭到淘汰。比如尊老愛幼的文化觀念，會在各種人類社會不斷得到認可。有些人在文化的影響下，並不在意能傳下多少基因，而更在意能否青史留名。這是一種與人體進化平行的進化途徑，極有可能成爲自然選擇和性選擇之外的第三種驅動人類進化的重要力量，那就是文化選擇——對文化做出選擇，同時也對人類的行爲作出選擇。那是另一個複雜而奇妙的進化歷程，其意義將不弱於人體進化本身。其綜合作用的結果將不斷驅動我們擺脫動物性的約束，最終成爲遠離庸俗趣味的眞正意義上的人。

在進化的那端，人類的未來，或許眞的不可限量。

二〇一五年二月，乙未春節

定稿於安徽鳳陽

國家圖書館出版品預行編目資料

瘋狂人類進化史／史鈞著. —— 初版. ——臺中市：好讀，2017.09
面：　公分，——（一本就懂；19）

ISBN 978-986-178-432-8（平裝）

1.人類演化 2.歷史

391.6　　　　106004787

好讀出版

一本就懂 19

瘋狂人類進化史

作　　者／史鈞
總 編 輯／鄧茵茵
文字編輯／莊銘桓
美術編輯／林姿秀
行銷企劃／劉恩綺
發 行 所／好讀出版有限公司
臺中市407西屯區何厝里19鄰大有街13號
TEL:04-23157795　FAX:04-23144188
http://howdo.morningstar.com.tw
（如對本書編輯或內容有意見，請來電或上網告訴我們）
法律顧問／陳思成律師

戶名：知己圖書股份有限公司
劃撥帳號：15060393
服務專線：04-23595819轉230
傳真專線：04-23597123
E-mail：service@morningstar.com.tw
如需詳細出版書目、訂書，歡迎洽詢
晨星網路書店 http://www.morningstar.com.tw

印刷／上好印刷股份有限公司 TEL:04-23150280
初版／西元2017年9月1日
定價：320元
如有破損或裝訂錯誤，請寄回臺中市407工業區30路1號更換（好讀倉儲部收）

Published by How Do Publishing Co.，Ltd.
2017 Printed in Taiwan
ISBN 978-986-178-432-8

讀者回函

只要寄回本回函，就能不定時收到晨星出版集團最新電子報及相關優惠活動訊息，並有機會參加抽獎，獲得贈書。因此有電子信箱的讀者，千萬別吝於寫上你的信箱地址

書名：瘋狂人類進化史

姓名：＿＿＿＿＿＿ 性別：□男 □女 生日：＿＿年＿＿月＿＿日

教育程度：＿＿＿＿＿＿＿＿＿＿

職業：□學生 □教師 □一般職員 □企業主管

□家庭主婦 □自由業 □醫護 □軍警 □其他＿＿＿＿＿＿＿＿

電子郵件信箱（e-mail）：＿＿＿＿＿＿＿＿＿＿ 電話：＿＿＿＿＿＿

聯絡地址：□□□＿＿＿＿＿＿＿＿＿＿＿＿＿＿＿＿＿＿＿＿

你怎麼發現這本書的？

□書店 □網路書店（哪一個？）＿＿＿＿＿＿＿＿ □朋友推薦 □學校選書

□報章雜誌報導 □其他＿＿＿＿＿＿＿＿＿＿＿＿＿＿＿＿＿＿

買這本書的原因是：＿＿＿＿＿＿＿＿＿＿＿＿＿＿＿＿＿＿

□內容題材深得我心 □價格便宜 □封面與內頁設計很優 □其他＿＿＿＿＿

你對這本書還有其他意見嗎？請通通告訴我們：

＿＿＿＿＿＿＿＿＿＿＿＿＿＿＿＿＿＿＿＿＿＿＿＿＿＿＿＿＿＿

你希望能如何得到更多好讀的出版訊息？

□常寄電子報 □網站常常更新 □常在報章雜誌上看到好讀新書消息

□我有更棒的想法＿＿＿＿＿＿＿＿＿＿＿＿＿＿＿＿＿＿＿＿＿

是否能與我們分享您嗜好閱讀的類型呢？

□文學/小說 □社科/史哲 □健康/醫療 □科普 □自然 □寵物 □旅遊 □生活/娛樂

□心理/勵志 □宗教/命理 □設計/生活雜藝 □財經/商管 □語言/學習 □親子/童書

□圖文/插畫 □兩性/情慾 □其他

我們確實接收到你對好讀的心意了，再次感謝你抽空填寫這份回函，請有空時上網或來信與我們交換意見，好讀出版有限公司編輯部同仁感謝你！

好讀的部落格：http://howdo.morningstar.com.tw/

好讀的粉絲團：https://www.facebook.com/howdobooks

填寫本回函，代表您接受好讀出版及相關企業，不定期提供給您相關出版及活動資訊，謝謝您！

請填妥後對折黏貼，直接投郵即可，無須貼郵票。

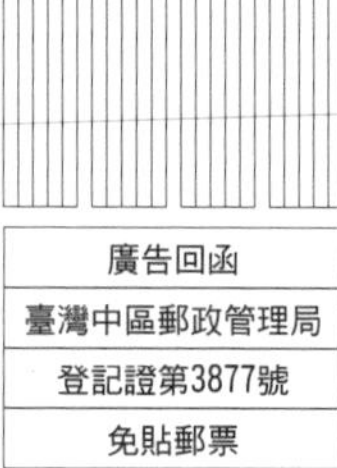

好讀出版有限公司　編輯部收

407 臺中市西屯區何厝里大有街**13**號

電話：**04-23157795-6**　傳真：**04-23144188**

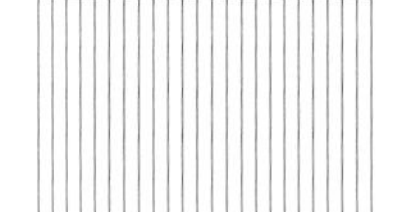

沿虛線對折

購買好讀出版書籍的方法：

一、先請你上晨星網路書店 http://www.morningstar.com.tw
　　檢索書目或直接在網上購買

二、以郵政劃撥購書，帳號：15060393 戶名：知己圖書股份有限公司
　　並在通信欄中註明你想買的書名與數量

三、大量訂購者可直接以客服專線洽詢，有專人為你服務：
　　客服專線：04-23595819轉230 傳真：04-23597123

四、客服信箱：service@morningstar.com.tw